Peter Farbowski

Gekommen, um zu bleiben!

Der E-Antrieb zwischen Politik und Praxis.

Peter Farbowski
Eigentümer
LEADER.SHIP
Gmunden, Österreich

ISBN 978-3-658-51915-5 ISBN 978-3-658-51916-2 (eBook)
https://doi.org/10.1007/978-3-658-51916-2

Die Deutsche Nationalbibliothek verzeichnet diese Publikation in der Deutschen Nationalbibliografie; detaillierte bibliografische Daten sind im Internet über https://portal.dnb.de abrufbar.

Springer ist ein Imprint der eingetragenen Gesellschaft Springer Fachmedien Wiesbaden GmbH und ist ein Teil von Springer Nature.
Die Anschrift der Gesellschaft ist: Abraham-Lincoln-Str. 46, 65189 Wiesbaden, Germany

Gekommen, um zu bleiben!

Intro

Dieses Buch ist eine Bestandsaufnahme, ein Überblick zum „State of the Art". Es ist ein Versuch, in die nahe Zukunft zu schauen, wie wir dann unsere individuelle und kollektive Lust auf Mobilität stillen. Welche Tools, Mittel und Medien werden wir zur Deckung des Mobilitätsbedarfs einsetzen. Der Elektroantrieb für Fahrzeuge spielt jetzt und in Zukunft eine große Rolle.

Werden wir den Bedarf an Mobilität selbst organisieren oder ist auch dieser Bereich in Zukunft schon so hoch automatisiert, dass Mobilität punktgenau nach unserem Kalender, nach unserem Gesundheitszustand, nach unserem Verhalten tagtäglich einfach vor der Haustüre steht, uns dort hinbringt, wo es der Kalender sagt oder wir hinwollen. Mobilität dann da ist, wenn wir sie brauchen oder wollen. Wird die autonome Mobilität dann mehr wissen als wir und uns wirklich vor der Haustüre abholen? Werden wir den Öffentlichen-Personen-Nah-Verkehr noch brauchen? Brauchen wir noch Schienen oder Straßen? Wird uns in zehn Jahren eine autonome Drohne als Taxi an unser Ziel fliegen?

Indonesien hat das Projekt einer neuen smarten Hauptstadt begonnen. Ist mittendrin. Eine lebenswerte, Ressourcen schonende, nachhaltige Stadt ohne motorisierten Individualverkehr, ohne öffentlichen Verkehr an der Oberfläche. Vernetzt, smart, optimiert in allen Bereichen.

Wo geht die Reise hin. Ist alles im Fluss? Nach Raoul Heinrich Francé ist jeder Entwicklungsstand eine Momentaufnahme eines andauernden Prozesses. Also JA, alles ist und bleibt im Fluss …. Welche Antriebsform ist gekommen, um zu bleiben?

Ist dann der E-Antrieb dabei? Wird er überhaupt eine wesentliche Rolle spielen?

An meinem ersten Buchprojekt haben bis jetzt schon viele geschätzte Menschen mitgewirkt. Ohne sie wäre es nicht möglich gewesen, dieses Werk neben Fortbildung, Job und Familie auf die Beine zu stellen.

Mein allergrößter Dank gilt meiner Familie. Sie haben mir den Freiraum gegeben und mich darin bestärkt, dieses Buch fertigzustellen und zu veröffentlichen.

Bedanken möchte ich mich auch sehr herzlich bei all meinen Interviewpartnerinnen und -partnern für ihre fachkundige Expertise sowie ihre wertvollen Beiträge rund um das Thema der Mobilität. Ihre persönliche Einschätzung, ihre unterschiedlichen Blickwinkel machen dieses Buch zu etwas Besonderem und sind eine absolute Bereicherung.

Selbst habe ich mich nicht als Experten wahrgenommen. Die Begeisterung für die Autobranche hat mir wohl mein Großvater in die Wiege gelegt. Auch der Blick über den Tellerrand ist eine Tugend, die ich von ihm gelernt habe. Eine eigene Meinung zu haben und für andere Meinungen offen zu sein, auch darin war er mein Vorbild.

Vorwort. „Why did it have to be me?“

Eine Vision einer Mission: „Wie entsteht ein Buch? Gibt es Bedarf dafür? Kann ich das?“ Ich wollte es wissen und setzte mich an den Schreibtisch.

Als „Experte“ werde ich oft zu Mobilität, im Speziellen zur E-Mobilität befragt. Nach mehr als sieben Jahren mit dem E-Auto und weit über 170.000 selbst erfahrenen Kilometern werde ich das auch sein. JA, ich bin wirklich Experte.

Übersicht

In der Mobilität bin ich nach über 40 Jahren Berufserfahrung fix ein Insider und konnte, seit ich den Führerschein besitze, viele Veränderungen in der Mobilität miterleben und mitgestalten. Die ersten Autos, die ich selbst gefahren bin, hatten keine Sicherheitsgurte, keine Kopfstützen und noch nicht mal einen Katalysator. Die Sonderausstattung Zweipunkt-Sicherheitsgurt kostete damals einen Aufpreis von 72, – Schilling, das sind heute grad mal zehn Euro!

Umweltschutz begann erst in den 1980-er-Jahren. Seither hat sich wirklich viel getan. Ich durfte all diese Veränderungen erleben, alle Herausforderungen meistern und zum guten Teil mitgestalten. Von der Front, eines kleinen Familienbetriebes bis hin zu großen Konzernstrukturen. Von Alfa Romeo bis Zastava. Ich habe sie (fast) alle erlebt und gefahren.

Es sollte jedem objektiven Beobachter klar sein, dass die gegenwärtige Weltwirtschaft weitgehend dysfunktional ist, die Zukunft des gesamten Planeten bedroht und die Bedürfnisse des Großteils der Menschheit nicht befriedigt. Ja, gibt es eine vernünftige Alternative.

Interessenkonflikt Der/die Autor*in hat keine relevanten Interessenskonflikte im Zusammenhang mit dieser Publikation.

Inhaltsverzeichnis

1 „Gekommen, um zu bleiben!" – Die E-Mobilität zwischen Politik und Praxis 1
1.1 Die E-Mobilität eine „Brückentechnologie"? 2

2 Ist es aufgrund der aktuellen Preisentwicklung des Stroms sinnvoll, ein E-Auto anzuschaffen? 5

3 Treibstoffe und wie viele Liter Dieseläquivalent verbraucht denn ein Mensch täglich? 9
3.1 Klimakrise, ja es gibt sie und sie ist! 10

4 Herkömmliche und klimaneutrale Treibstoffe 13
4.1 Herkömmliche Treibstoffe 13
4.2 E-Fuels 14
4.3 Und dann gibt es auch noch HVO100 14
4.4 Und auch noch Wasserstoff 16
4.5 Warum entweder oder, geht nicht beides? 17

5 Rechtssicherheit – die Auswirkungen der Unsicherheit 21

6 Was tut sich in der Branche 25

7 E-Autos: China zeigt uns, wie es richtig geht! 33
7.1 Wie steht die österreichische Politik zur Mobilität 34
7.2 Autoland Österreich – was braucht es? 36
7.3 Batterieherstellung 39
7.4 Woher kommt das Lithium? 41
7.5 Wer hat technologisch die Nase vorne? 42
7.6 Ressourcen – und was wir damit machen 43
7.7 Was sind „Refurbished"-Batterien? 45
7.8 Das Wunder des Ladens. Wie? Wo? Worauf ist zu achten? 49

7.9 Welche Faktoren bestimmen nun aber die Ladedauer eines E-Autos? . . . 50
7.9.1 Effiziente Fahrweise . . . 51
7.9.2 Vorkonditionieren zum Laden . . . 52
7.9.3 Regelmäßiges Testen . . . 52
7.9.4 Wo geht die Reise hin? . . . 53
7.10 Alt oder jung, welche Personengruppe steht wie zum E-Antrieb? . . . 57

8 COP Paris 2015 . . . 61
8.1 Umweltbelastung: Verbrenner versus E-Motor . . . 63
8.2 THG-Quoten . . . 64
8.3 Smart Home und E-Mobilität . . . 65
8.4 E-Auto-Gebrauchtwagenmarkt . . . 68
8.4.1 Ist jetzt der richtige Zeitpunkt für den Kauf eines gebrauchten Elektroautos oder kommt der nie? . . . 68
8.5 Autonomes-Fahren – Wo stehen wir, wohin geht die Reise ohne Fahrerin? . . . 71
8.6 Reichweite maximal nutzen, aber wie? . . . 74

9 Die Geschichte der Elektroantriebe . . . 81
9.1 Reparatur und Wartung . . . 84

10 Was sagt die Branche, was sind die Unterschiede? . . . 85
10.1 Wie gut brennen Elektroautos eigentlich und wie oft? . . . 98

11 Künstliche Intelligenz . . . 103
11.1 Wieviel KI ist schon in den Autos? Wie viel KI ist in den Verkehrssystemen? . . . 104
11.2 Warum mitteleuropäische Automobilhersteller sich in China weiterhin schwertun? . . . 106
11.3 Wie können sich deutsche Autobauer auf dem wichtigen chinesischen Markt auch in Zukunft behaupten? . . . 106
11.4 Der „China Speed“: Innovationskraft im Eiltempo . . . 108
11.5 Brief eines Autohändlers an einen Hersteller . . . 115

„Gekommen, um zu bleiben!" – Die E-Mobilität zwischen Politik und Praxis

1

In einer Ära, in der die Dringlichkeit des Klimawandels immer deutlicher wird, ist die E-Mobilität zu einem entscheidenden Element einer nachhaltigeren Zukunft geworden. Mit dem Aufkommen von Elektrofahrzeugen (EVs) haben wir einen Paradigmenwechsel in der Automobilindustrie erlebt, der nicht nur die Art und Weise verändert, wie wir uns fortbewegen, sondern auch unsere Beziehung zur Umwelt neu definiert.

E-Mobilität bietet eine Vielzahl von Vorteilen, die über die Reduzierung von Treibhausgasemissionen hinausgeht. Die Integration erneuerbarer Energien in die Ladestationen und die Möglichkeit, überschüssigen Strom aus erneuerbaren Quellen zu speichern, trägt zur Stabilisierung des Stromnetzes und zur Förderung der Energiewende bei. Die Speicherung von Strom ist eines der wesentlichen Forschungsgebiete der Gegenwart. Die Speichermedien gehen vom Warmwasserspeicher über die hochtechnologischen Batterien bis hin zum e-Auto. Darüber hinaus verbessern EVs die Luftqualität in städtischen Gebieten, indem sie den Ausstoß von Schadstoffen wie CO_2, Stickoxiden und Feinstaub verringern.

Ein weiterer wichtiger Aspekt ist die kontinuierliche Weiterentwicklung der Batterietechnologie. Fortschritte in der Batterieforschung haben zu einer erhöhten Reichweite, kürzeren Ladezeiten und einer längeren Lebensdauer der Batterien geführt, was die Praktikabilität und Attraktivität von EVs für Verbraucher erhöht hat.

Die steigende Nachfrage nach Elektrofahrzeugen hat auch zu einem rasanten Wachstum des Marktes und zu Innovationen in der Automobilindustrie geführt. Traditionelle Automobilhersteller investieren vermehrt in die Entwicklung von Elektrofahrzeugen und treiben so die Technologie und das Design voran. Gleichzeitig haben neue Akteure die Bühne betreten, um mit ihren innovativen Ansätzen das Potenzial der E-Mobilität weiter auszuschöpfen.

Trotz dieser positiven Entwicklungen stehen der E-Mobilität auch Herausforderungen gegenüber. Die begrenzte Verfügbarkeit von Ladestationen, die Infrastruktur für das

P. Farbowski, *Gekommen, um zu bleiben!*,
https://doi.org/10.1007/978-3-658-51916-2_1

Recycling von Batterien und die Frage der Rohstoffbeschaffung für Batterien sind nur einige der Herausforderungen, die bewältigt werden müssen, um die breite Einführung von EVs zu unterstützen. Und dann ist da noch der Preis, der den Zugang zur E-Mobilität für viele erschwert oder gar unmöglich macht.

Dennoch ist klar, dass die E-Mobilität nicht nur ein vorübergehender Trend ist, sondern eine unaufhaltsame Bewegung hin zu einer nachhaltigeren Zukunft darstellt. Regierungen, Unternehmen und Verbraucher auf der ganzen Welt erkennen zunehmend die Notwendigkeit, sich von fossilen Brennstoffen zu verabschieden und auf sauberere Alternativen umzusteigen. Die E-Mobilität ist gekommen, um zu bleiben, und ihr Einfluss wird sich in den kommenden Jahren weiter ausbreiten, um die Art und Weise zu verändern, wie wir uns bewegen und die Welt um uns herum wahrnehmen.

1.1 Die E-Mobilität eine „Brückentechnologie"?

Vorweg, klares NEIN dazu! Der E-Antrieb ist eine Technologie, die für die individuelle Mobilität in mindestens neun von zehn Fällen maßgeschneidert ist. Denn 95 % aller Fahrzeugbewegungen jeden Tag sind unter 100 Kilometern Fahrstrecke. Für die restlichen knapp zehn Prozent – das kann ich aus eigner Erfahrung sagen – gibt es ebenfalls keine Einschränkungen, die das Fortkommen mit E-Antrieb unbequemer machen würden, als ich es mit Verbrennern erlebt habe.

Warum nur knapp zehn Prozent? Ich bin sicher, dass es einige wenige Fahranwendungen gibt, die einen Verbrennungsmotor brauchen. An- und Abfahrten zu abgelegenen Einsatzorten, wie es bei Bergrettungen und Forstbetrieben an der Tagesordnung ist und auch ein hoher Energiebedarf wegen der Steigungen verfügbar sein muss, das sind Einsätze, wo Hybridantriebe ihre Bestimmung finden.

Die E-Mobilität wird uns also weit in die Zukunft hinein begleiten.

Mobilität ist ein Urinstinkt der Menschen. Angefangen hat alles mit der Erfindung des Rades 4000 vor Christus, also vor mehr als 6000 Jahren. Und es hat über 4500 Jahre gedauert, bis dann Karren und Wagen motorisiert wurden. Die Entwicklung von Lasten-Transport-geräten zu Lande, die auf die Erfindung des Rades zurückgegriffen haben, hat noch mal 300 Jahre gedauert.

Nomaden haben in der Geschichte weite, oft komplizierte und entbehrungsreiche Strecken zurückgelegt. Einerseits um ausreichend Nahrung für die Familie und Futter für die Tiere zur Verfügung zu haben, andererseits wurde durch das Erkunden neuer Landstriche, Stämme, Dörfer, Städte und Länder auch die Neugierde geweckt und die Mobilität vorangetrieben. Mit der Erfindung des Rades wurde die Basis für unbegrenzte Bewegung zu Lande geschaffen.

Bald wurden die Räder auch durch Muskelkraft, Tiere, später durch die technischen Erfindungen angetrieben. Das Rad ist also „schuld", dass unsere Neugierde so einfach befriedigt werden kann und die Mobilität dem Wissensdrang immer neue Fassetten bietet.

Zurück zur E-Mobilität. Aktuell befinden wir uns in der Phase der Antriebswende. Das ist der schrittweise Austausch der Verbrennungsmotoren hin zum 100-prozentigen E-Antrieb. Übrigens, die Motorisierung von Fahrzeugen mit E-Antrieb hat schon vor der Erfindung des Verbrennungsmotors stattgefunden. Bei der Umstellung von „E" auf Verbrenner gab es damals ähnlich heiße Diskussionen wie heute in der umgekehrten Richtung. Ferdinand Porsche und Heinrich Lohner haben sich mit der Frage nach dem besten Antriebskonzept für Fahrzeuge intensiv auseinandergesetzt, diese diskutiert und beide Konzepte in der Praxis ausprobiert. Auch der Austausch der Pferde gegen „Maschinen" löste heftige Meinungsverschiedenheiten aus. „Boys and their toys", das ist immer schon ein Thema an den Stammtischen der Welt gewesen.

1821 wurden die ersten elektrifizierten Kraftfahrzeuge eingesetzt. Bemerkenswert dabei, dass auch damals die mitteleuropäischen, heute bekannten Autohersteller, keine Rolle spielten. Die meisten sind auch erst nach dieser E-Antriebszeit gegründet worden. Mit der Erfahrung und dem Geld aus der Schwerindustrie, der Metallherstellung und -verarbeitung wurden große Konzerne geschaffen, die mit Ihrem Lobbying schnell die Verbreitung der Verbrennungsmotoren vorantreiben konnten. Damit ist auch der Ausstoß an CO_2 gestiegen und die Luftverschmutzung hat ab dem Jahr 1912 wirklich Schwung aufgenommen. Dennoch war der Elektroantrieb die Technologie der Stunde. Bemerkenswert, dass die ersten Geschwindigkeitsrekorde von Automobilen, die allesamt mit Strom betrieben wurden, erzielt werden konnten. Man war damals im Jahre 1888 im Übrigen der Meinung, dass 18 km/h eine passende Geschwindigkeit für Personenwagen sei, nur LKW durften 25 km/h fahren!!

1907 wurde die erste kommerzielle Tankstelle in Kalifornien von California Oil, heute Chevorn, gebaut. 1913 wurde die erste „Drive- In"-Tankstelle in Pennsylvania in Betrieb genommen. Erst in den Zwanzigerjahren, also vor gerade mal 100 Jahren, starten die ersten Tankstellen in Europa ihren Siegeszug. Dokumentiert wurde in Österreich die erste Tankstelle in Graz 1923. John D. Rockefeller war der Erste, der an den Erfolg der Verbrennungs-Motoren glaubte und startete 1911 das erste Tankstellennetz der Welt in den USA.

Jetzt nochmal zurück zum E-Antrieb. Also eine echte Wende in der Mobilität wird erst dann stattfinden, wenn individuelle Mobilität nicht mehr als „Eigentum" eingestuft wird, sondern als Bedarf, der durch eine Vielzahl an Angeboten gedeckt werden kann. Dann, wenn dieser Bedarf besteht.

Für die Generation „Wirtschaftswunder" der Nachkriegszeit, war die Unabhängigkeit, dann mobil sein zu können, wenn es individuell gewünscht war, die anzustrebende Ungebundenheit. Jeder wollte egal wann losfahren können, und zwar dorthin, wohin man wollte. Der überwiegende Teil der Generation „Millennials" hingegen empfindet Mobilität als Eigentum eher als störend, als Klotz am Bein. Heute steht ein vielfältiges Angebot an Mobilitätsdienstleistungen zur Verfügung, das auch bedarfsorientiert genutzt wird. Diese Angebote sind zum weitaus überwiegenden Teil elektrisch angetrieben. Scooter, Fahrräder, E-Mopeds, Straßenbahnen, Busse, Züge, Schiffe, alle elektrisch angetrieben. Mietbare Mobilität von PKW ist auch heute schon überwiegend elektrifiziert. Um die Strecke von A nach B zu überwinden, wird dieses multimodale Angebot von der First- bis zur Last-Mile zusammengesetzt aus den passenden Puzzlesteinen genutzt.

Fazit: Der E-Antrieb ist gekommen, um zu bleiben. Nicht weil der Verbrenner so böse ist. Oder weil die wirtschaftliche Produktion von E-Fuels noch Jahrzehnte dauern wird und viel, sehr viel Energie braucht. Oder weil die Brennstoffzelle als Kleinkraftwerk sicherlich eine zukunftstaugliche Möglichkeit ist, an Bord den Strom für die Mobilität zu erzeugen. Sondern weil es eine plausible und verfügbare Technologie ist, die den täglichen Mobilitätsbedarf deckt. Nachhaltig und kostengünstig.

Wussten Sie, dass 95 % aller Autofahrten unter 100 Kilometern sind, 80 % sogar unter 40 Kilometern!

Car-Sharing ist ein Modell, das dem Bedarf der Generationen, die nach der Jahrtausendwende geboren wurden, entspricht. Der Bedarf an Mobilität kann 24/7 gedeckt werden, ohne Mobilität besitzen zu müssen. Im Mittagsjournal vom 16.7.2024 wurde das aktuelle Angebot und dessen Auswirkungen am Beispiel der Hansestadt Bremen erörtert. Das Angebot in Bremen wird hauptsächlich von jungen männlichen Personen genutzt. Der typische User von CarSharing-Angeboten ist männlich, 25–35 Jahre alt und hat ein überdurchschnittlich hohes Einkommen. Die Nutzung erfolgt bei diesen Marktteilnehmern rein nach Bedarf. Weibliche User nutzen CarSharing zum überwiegenden Teil, um Wege-Ketten zu erledigen, das bedeutet, Mobilität wird dann angemietet, wenn Kindergarten – Schule – Einkauf – Yoga und so weiter, als Logistikkette abgearbeitet werden.

Die Auswirkungen auf die Umwelt und vor allem auf das Parkplatzangebot sind frappierend. Ein CarSharing-Fahrzeug ersetzt laut Michael Schwenninger vom Verkehrsclub Österreich (VCÖ) 16 Eigentümer-Fahrzeuge!

In dieser Studie ist die Antriebsart der eingesetzten Fahrzeuge im CarSharing gar nicht berücksichtigt. Die Freefloating-Flotten haben einen Anteil von zirka 20 %. Damit CarSharing innerstädtisch gut genutzt wird, dürfen die maximalen Abstände der Leihstationen 300 m nicht übersteigen. Das ist mit hohem logistischem Aufwand für die CarSharing-Anbieter verbunden.

2 Ist es aufgrund der aktuellen Preisentwicklung des Stroms sinnvoll, ein E-Auto anzuschaffen?

Ob man es glauben möchte oder nicht, Mobilität hat im Warenkorb der Staaten einen sehr stabilen Wert. Dieser Wert wird abhängig von den verfügbaren Ressourcen jeder Region „eingepreist“ und spiegelt auch den Stellenwert der Mobilität in der Gesellschaft wider.

Die E-Mobilität ist kein Diskontmodell der Mobilität. Genauso wie die Mobilität mit Verbrennungsmotoren hat auch der E-Antrieb seinen Preis. Das Konzept, die Gesamtkosten der Nutzungszeit von Fahrzeugen zu betrachten, zeigt Vorteile auf der Seite der E-Mobilität. Aus meiner Sicht wird aber auch hier der Angleich durch den Markt erfolgen. Die Kosten für Treibstoff werden sich die Waage halten, die Kosten für Wartung und Reparatur werden auch in nächster Zukunft für E-Fahrzeuge deutlich günstiger bleiben.

Eine sehr charmante Seite der e-mobilen Fahrzeuge ist wohl, dass der Treibstoff aus Sonnenenergie mittels Photovoltaik zu deutlich geringeren Kosten erzeugt werden kann. Die Nutzung des selbst erzeugten Stroms erhöht dazu die Rentabilität der PV-Anlage!

Ein kurzer Exkurs zum österreichischen Strommarkt: Österreich zeigt schon seit langer Zeit einen hervorragenden Mix aus nachhaltigen Quellen der Stromerzeugung. Mit circa 87 % Strom aus Wasser, Wind und Sonne ist unser kleines Land Musterschüler in Sachen Nachhaltigkeit. Allerdings werden die restlichen 13 % aus thermischen Kraftwerken, die mit Gas befeuert werden und mächtig viel CO_2 produzieren, gewonnen. Für eine Umstellung auf dezentrale Stromproduktion mit Photovoltaik oder Wind sind die Verteilernetze in Österreich nicht beziehungsweise noch nicht vorbereitet. Hier wird und muss auch der Netzausbau vorangetrieben werden. Damit wird auch sichergestellt, dass im öffentlichen Bereich, ausreichend leistungsfähige Ladepunkte zur Verfügung stehen und „befeuert“ werden können.

In Österreich gilt noch das Merit-Order-Prinzip, nachdem das teuerste (letzte) in Betrieb genommen Kraftwerk den Strompreis bestimmt. Wegen des hohen Anteils an Strom aus Wasserkraft und erneuerbaren Stromquellen, wird der Strompreis nicht so sehr von der

P. Farbowski, *Gekommen, um zu bleiben!*,
https://doi.org/10.1007/978-3-658-51916-2_2

Herstellung des Stroms bestimmt. Der Preistreiber wird künftig die Kosten für die Netze sein. Das kann man schon jetzt auf der Stromabrechnung in den Details ablesen.

Welchen Wert hat nun Mobilität? „Der Big-Mac-Index“ ist ein Indikator, der die Kaufkraft verschiedener Währungen anhand der Preise für einen Big-Mac in verschiedenen Ländern vergleicht. Er wurde 1986 von der britischen Wochenzeitung „The Economist“ erfunden, um einen leicht verständlichen Vergleich auf Basis von Kaufkraftparitäten zu ermöglichen und Über- und Unterbewertungen einzelner Währungen zu zeigen. Seitdem wird er regelmäßig erhoben und auch in wissenschaftlichen Studien und Lehrbüchern zitiert (Abb. 2.1).

Dazu werden die Preise eines Big-Mac in den Währungen verschiedener Länder erhoben. Durch die Umrechnung zum aktuellen US-Dollar-Kurs wird die jeweilige Kaufkraft vereinfachend miteinander verglichen.“ (Quelle Wikipedia, *Big-Mac-Index – Wikipedia*).

Zusammengefasst können wir festhalten, die Kosten für die Mobilität einer Gesellschaft sind entsprechend dem Warenkorb recht stabil bewertet. Der Big-Mac-Benzin-Index weist eine sehr geringe Schwankungsbreite von nur 0,15 %-Punkten auf. Dabei wurden die „Mobilitätskosten Gesamt“, das bedeutet inklusive Treibstoff, Anschaffung, Wartung, Instandhaltung und Parken berücksichtigt. In diesem Vergleich wird auch deutlich, dass in den USA Mobilität ein wesentlicher Teil der Erwerbstätigkeit ist und damit sehr hoch bewertet wird. In Indien dagegen, ist noch viel Aufwand für die individuelle Mobilität zu leisten und daher im Big-Mac-Ranking am billigsten. In Europa ist die individuelle

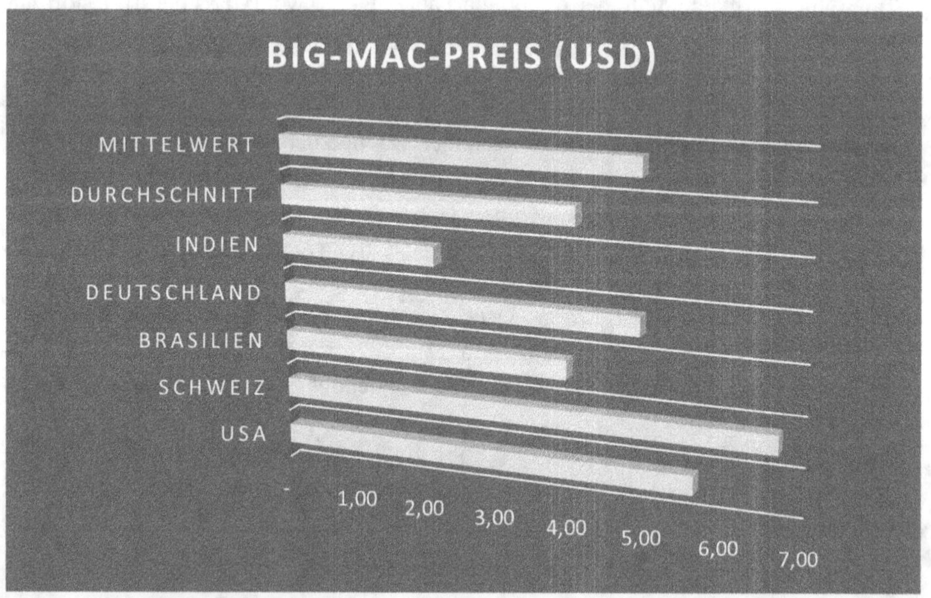

Abb. 2.1 Mobilitätskosten auf Basis des Big-Mac-Index inklusive aller Kosten. © Peter Farbowski

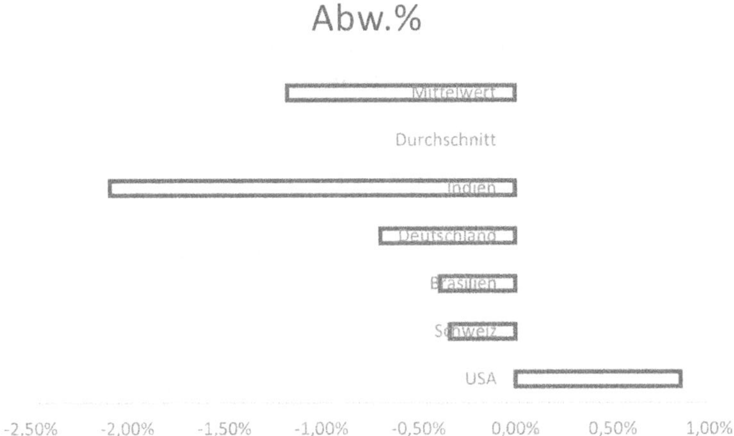

Abb. 2.2 Abweichung vom Mittelwert der Mobilitätskosten auf Basis des Big-Mac-Index. © Peter Farbowski

Mobilität in Deutschland, so wie auch in Österreich, trotz steigender CO_2-Bepreisung im günstigsten Cluster angesiedelt. Spitzenreiter ist die Schweiz! (Abb. 2.2).

Auffällig ist auch, wie kostengünstig Haushalte mit hohem Haushaltsnettoeinkommen im Vergleich zum untersten Quartil (gemessen nach dem OECD-Standardindex) unterwegs sind. Ob „E" oder Verbrenner, die Gesamtkosten werden sich auch in Zukunft nicht groß unterscheiden, solange die Bepreisung von CO_2 nicht aggressiver erfolgt. Der im Frühling 2026 aufgrund der Iran-Krise extrem schnell und stark gestiegene Spritpreis, hat auf den Big-Mac-Vergleich weniger Einfluss, als wir es an der Tankstelle merken. Im umfassenden Big-Mac-Vergleich ist der Treibstoff nur ein geringer Preisfaktor. Das Pendel wird damit weiter zugunsten der E-Fahrzeuge ausschlagen.

Der Strompreis wird international auch in Zukunft hoch, aber stabil bleiben. Österreich war lange beim Strompreis das gelobte Land. Die Regierungen Europas werden die Preisbindung aus der Merit-Order überdenken müssen. Ziel muss es sein, die Wettbewerbsfähigkeit für die internationalen Unternehmen wegen dieser Regelung in der Bewertung des Strommarktes zu erhalten. Mit deutlich über 80 % Strom aus erneuerbaren Quellen, haben wir gemeinsam mit den skandinavischen Ländern die Nase weit vorne. Sehr weit vorne.

Die Preise für Treibstoffe werden getrieben durch die CO_2-Thematik und die volatile neue Weltordnung weiter steigen. Es ist zu erwarten, dass wir bis 2030 mehr als EUR 2,50 pro Liter zu berappen haben werden.

Aktuell werden die steigenden CO_2-Preise über die steigenden Haushaltsnettoeinkommen kompensiert. Bei den Bundesdeutschen Nachbarn wurden zusätzlich Abgaben und Steuern für Treibstoffe gesenkt und damit eine deutliche, wenn auch nur indirekte Förderung für Verbrenner, ohne groß darüber zu reden, etabliert. Für die Zukunft, mit dem Ziel den EU-Green-Deal zu erfüllen, ist die Aufgabe der Gesetzgeber mit kreativen Förderkonzepten, die Kosten für die gesamte Nutzungsdauer zugunsten der modernen Antriebskonzepte zu reduzieren. Explodierende Rohölmarktpreise machen den Schwenk zum Elektroantrieb plausibel, Preisanreize, die Treibstoffpreise nach unten regulieren, arbeiten dagegen. Natürlich muss gegen die steigende Inflation gearbeitet werden. Dabei darf aber das Versprechen aus der COP 2015 in Paris nicht gebrochen werden. Ziel muss es sein, den Umstieg zu umweltschonender Mobilität so niederschwellig wie möglich zu machen, die Flexibilität für Bürgerinnen und Bürger so hoch wie möglich zu halten und Politik zu machen, die auf die Zukunft gerichtet ist.

Und Menschen mit hohem Einkommen und wenig Einsicht auf die Verantwortung für die Zukunft, leisten sich ihre Verbrenner und V8-Pickups, weil sie wollen.

E-Fahrzeuge werden in dieser Zukunft, die schon heute begonnen hat, eine zentrale Rolle spielen. Vielleicht sogar Wasserstoff (Brennstoffzelle) und E-Fuels und andere noch unbekannte Energiequellen, wie der „Flux-Kompensator“ aus dem Film „Zurück in die Zukunft“!

Fazit: Ist es wirklich wichtig, Mobilität zu besitzen? … oder kann ich meinen Mobilitätsbedarf auch durch verfügbare Angebote bequem decken? Wenn die Antwort so ausfällt, dass Sie Mobilität besitzen wollen, ist die Wahl eines E-Autos plausibel und empfehlenswert. Den selbst produzierten Treibstoff Strom aus PV zu nutzen dazu ein echtes Goodie!

Die weiter steigende CO_2-Bepreisung wird die Attraktivität der e-betriebenen Fahrzeuge erhöhen und deren Verbreitung vorantreiben.

Mobilität hat ihren Preis. Der passt zum regionalen Warenkorb mit geringen Abweichungen nach Wertigkeit der Mobilität als Voraussetzung für das Einkommen und je nach Ausbaustufe der Verkehrsinfrastruktur. Wo ein höherrangiges Straßennetz erst geschaffen werden muss, ist die Mobilität noch vergleichsweise niedrig bewertet, dafür muss die öffentliche Hand dringend in die Infrastruktur investieren.

3 Treibstoffe und wie viele Liter Dieseläquivalent verbraucht denn ein Mensch täglich?

Energievergleiche gehören heute zur täglichen Normalität – nicht nur in diesem Buch, nein auch in den Sozialen Medien. Sie helfen beim Verständnis und können Missverständnisse aufklären.

Statement eins:

In Diesel steckt mehr Energie als in Benzin
Das ist so verkürzt falsch und dieser Irrglaube basiert auf der Tatsache, dass man Durchflussmenge an den ersten Zapfsäulen leichter messen konnte als Gewicht. Daher bezahlen wir heute immer noch für den Liter Kraftstoff, ungeachtet der Tatsache, dass pro kg die richtige Messgröße wäre. In einem Liter Diesel stecken 9,8 kWh an Energie. Pro Liter Superbenzin sind es nur 8,9 kWh (Werte können je nach Kraftstoff schwanken). Der tatsächliche Energieinhalt (Energiedichte) pro kg liegt aber bei 12 kWh/kg bei Superbenzin und 11,8 kWh/kg beim Diesel. Pro kg steckt also in Superbenzin etwas mehr Energie.

Dass sich inzwischen viel mehr Menschen mit Wattstunden und Liter auskennen als früher, ist auch eine Auswirkung der Elektromobilität. Denn der Mensch möchte Bezüge und Vergleiche schaffen, um es zu verstehen, vor allem auch, um Wirkungsgrade einordnen zu können: Ein richtig guter Verbrenner schafft heute bis zu 40 % Antriebseffizienz, ein gutes E-Auto ca. 90 % plus (nicht nur der Motor gerechnet). Ein Elektroantrieb ist also isoliert auf das Auto betrachtet fast dreimal so effizient.

Statement zwei:

P. Farbowski, *Gekommen, um zu bleiben!*,
https://doi.org/10.1007/978-3-658-51916-2_3

Und wie hoch ist der Wirkungsgrad des Menschen?
Mit bis zu 25 % Energieausbeute arbeiten wir und zu 75 % wird geheizt. Wobei es nach der Sportmedizin auch Tätigkeiten wie Bogenschießen mit fast 100 % Effizienz gibt. Ein olympischer Sprinter schafft übrigens zirka 50 %. So viel, wie ein moderner Formel-1-Motor in seinem Sweet Spot!! Nur so mal auf der Zunge zergehen lassen, denn die Formel-1 lebt für die und von der Effizienz der Energieausbeute.

Ich verbrauche pro Tag ca. 3000 Kilokalorien, das entspricht rund 3,5 kWh Energie oder 0,36 L Dieseläquivalent. Würde ich den Diesel einfach trinken oder die 3,5 kWh an der Steckdose abholen, läge mein Wirkungsgrad aber final bei null. Damit ist Energie nicht gleich Energie – vergleichen dürfen wir sie trotzdem.

Statement drei:

3.1 Klimakrise, ja es gibt sie und sie ist!

Trotz der wissenschaftlich und allgemein anerkannten Klimakrise wird die Politik von der Industrie oder die Industrie von der Politik vor sich hergetrieben. Die Rahmenbedingungen definieren jedenfalls die Politiker. Weltweit!

Nochmal kurz ein Blick zurück. 2015 war die Weltklimakonferenz in Paris. Ein Meilenstein, 171 Nationen hatten die Beschlüsse ratifiziert. Die Europäische Union hat daraufhin engagiert und begeistert Klimaziele definiert. 50 % weniger CO_2 als 1990, das „Verbrenner Aus" bis 2035, CO_2-Bepreisung, Zertifikate-Handel, und, und, und … 2019 kommt das EU-Programm „FIT FOR 55", dabei wird die CO_2-Reduktion von 50 auf 55 % gegenüber 1990 erhöht, Klimaneutralität in den Sektoren Energiewirtschaft und Dienstleistungen … Am „Verbrenner Aus" 2035 wird laut und deutlich festgehalten. 2019!!!

2020 beginnen die ersten Diskussionen der Politik zu den E-Fuels und anderen klimaneutralen Treibstoffen. Ebenso möchte gegen Ende 2022 Richi Sunak der ehemalige Premierminister von Großbritannien das Aus vom „Verbrenner Aus". Außerhalb der EU wohlgemerkt. Seine Idee brachte ihm umgehend Kritik der Präsidentin von Ford UK, von Lisa Brankin ein, die die Verunsicherung für die Automobilindustrie in der Hauptsache kritisierte.

Industriebetriebe, die in großen Serien komplexe Produkte in mehreren Fertigungsstufen herstellen, brauchen stabile Rahmenbedingungen. Die mehrstufige Herstellung ist kapitalintensiv und damit weniger flexibel. So ein U-Turn im „Verbrenner Aus" ist da schon ein gravierender Impact.

Die Politik ist jedenfalls auf den Zug „Aus vom Verbrenner Aus" in vielen Ländern aufgesprungen, auch die Europäische Kommission. Aber auch in Österreich, das außer dem Magna-Werk in Graz als Lohnfertiger keinen Autobauer im Land hat, wurde 2023 ein Verbrenner-Gipfel unter dem Vorsitz des Bundeskanzlers abgehalten. Aus vom Aus!

Auch Robert Habeck, der deutsche Wirtschaftsminister der Ampelkoalition hat sich nicht gerade mit Ruhm bekleckert. „DER SPIEGEL" hatte zur Klimakonferenz geladen.

Alle. Also Politik, Wirtschaft, auch die Automobilhersteller und Klimaschutz-Organisationen.

Im Zuge dieser Klimakonferenz reklamierte der Boss der deutschen OPEL Automobile GmbH Rechts- und Planungssicherheit für die Hersteller. Die Transformation der Unternehmen in der Branche wird sehr tiefgreifend. Es ist gravierend in Forschung, in Entwicklung und in die Werke zu investieren, um diese entsprechend auf Multi-Energie-Plattformen umzustellen. Nur damit kann die Branche die Neuausrichtung der gesamten Wertschöpfungskette leisten, inklusive der Rohstoffe für den Bau von Antriebsbatterien. Die deutschen Automobilhersteller mit langer Tradition wollen weiterhin in Deutschland Autos bauen. Im Moment ist die Geschwindigkeit „etwas" verlangsamt. Zu langsam, wenn man die Geschwindigkeit mit den chinesischen Wettbewerbern vergleichen möchte. Die Geschwindigkeitsunterschiede basieren nicht auf dem Knowhow, nein, deutsche Ingenieure sind immer noch innovativ! Das Geschwindigkeitsproblem ist hausgemacht. Es fehlt die Innovationskraft im Bereich IT und IT-Applikationen in ganz Europa.

Damit verbunden ist auch die klare Ausrichtung auf die Anforderungen der Antriebswende. Während im Rest von Europa und außerhalb der Weg weiter in Richtung der Elektromobilität geht, fehlt Europa die Rechtssicherheit. Die Hersteller sehen ganz klar die Elektromobilität als den einzig gangbaren Weg. Und brauchen diese Planungssicherheit.

Das bedeutet, die europäischen Autohersteller geben so ein Bekenntnis zu Europa und zur Elektromobilität. Aber, die Rahmenbedingungen dürfen nicht ins Wanken geraten, nur dann gibt es stabile Produktionen, Arbeitsplätze und Wertschöpfung.

Die Autoindustrie wird allerdings nicht das Klima retten, sondern sich selbst. Damit wird der Weg in Richtung E-Mobilität weiter beschritten. Die E-Mobilität wird ein bestimmender Teil der individuellen Mobilität werden. Sie ist gekommen, um zu bleiben.

Robert Habeck, der bundesdeutsche Wirtschaftsminister, der an derselben Konferenz teilnahm und aufmerksam den Worten von Florian Huettl lauschte, dieser Robert Habeck weichte in seiner Rede das Verbrennerverbot 2035 auf. Also Aus vom Aus. Er bläst damit in dasselbe Horn, wie der österreichische Bundeskanzler Karl Nehammer.

Unter dem Deckmantel der schwächelnden Industrie soll nun in die Neuerfindung von klimaneutralen Kraftstoffen investiert werden. Die Industrie ist aber der Politik schon davongeeilt und hat in den Jahren 2015 bis heute ihre „Bänder" bereits auf den e-mobilen Antrieb umgestellt.

Fakt ist aber auch, dass im Jahr 2023 in ganz Europa zirka zwei Millionen Autos weniger in den Markt gingen. Das hat mehrere Gründe. Zum einen wurden weniger Fahrzeuge in die Leihflotten von Sixt, Europcar, Hertz, … und den Sharing-Angeboten von Share-Now oder 2Share geliefert. Zum anderen hat sich auch das Mobilitätsverhalten der Menschen gravierend verändert. Klimaticket, der Ausbau des öffentlichen Personen-Nahverkehrs, Parkplatzprobleme in den Städten sorgen dafür, dass Mobilität heute nicht mehr besessen werden muss. Heute und vor allem in der Zukunft.

2015 wurde in den Medien bereits die autonom fahrende Zukunft mit der Schlagzeile „Der letzte Führerschein Neuling ist schon geboren." gefeiert. Daran glaube ich noch nicht. Das Autonome Fahren von Fahrzeugen ist heute in allen Ausprägungen technisch schon möglich. Der gemischte Verkehr von Mensch und Maschine ist das Problem.

Denken Sie an den Film iRobot von Alex Proyas: Als ein Auto mit zwei Insassen, dem Detektiv Del Spooner und der Roboterpsychologin Doktor Susan Celvin, in einen Fluss stürzt, rettet der von künstlicher Intelligenz gesteuerte humanoide Roboter Del Spooner, dargestellt von Will Smith. Die hochqualifizierte Spezialistin lässt er sitzen. Warum? Ganz einfach die Überlebenschance von Del Spooner, ein durchtrainierter, agiler junger Mann liegt bei 45 %, die von Dr. Susan Calvin bei 11 %. Na, wen rettet die KI!

Autonomes Fahren ist angewandte KI. „mashine-to-mashine" Kommunikation funktioniert gut und mehr oder weniger verlässlich. Jedenfalls funktioniert das autonome Fahren dann gut, wenn der Mensch nicht eingreift. Und das bedeutet getrennte Verkehrsflächen für den autonomen und menschenbeeinflussten Verkehr.

Mehr zu KI und autonomem Fahren später.

Markus Söder, der auch an der Spiegel-Klimakonferenz teilnahm, trötete noch fester in das Horn des „Aus-vom-Verbrenner-Aus" und rührt die Trommel der Technologieoffenheit. Auch Technologieoffenheit hat zwei Sichtweisen, wie alles im Leben. Aus Sicht des bayrischen Staatspräsidenten bedeutet Technologieoffenheit den Betreib von Fahrzeugen mit Verbrennungsmotoren. *„Ich geh auch fest davon aus, dass wir bis 2035 beim klassischen Verbrenner fast die null Emission haben können, mit Technologie. Für den Export und all diese Dinge ist es extrem wichtig, dass wir die Technologieoffenheit haben mit Elektro, mit Wasserstoff und auch mit E Fuels."*

Technologie-Offenheit aus anderer Sicht ist die Offenheit für alle Antriebskonzepte. Aber das ist ja nur die Antriebswende. Die Offenheit hin zur Mobilitätswende bedeutet multimodale Mobilität. Einen Mix aus allen Mobilitätsangeboten von Fußwegen, über Sharing-Angebote wie Scooter oder Fahrräder, die Nutzung des ÖPNV und Car-Sharing-Angebote für die „First"- und die „Last"-Meile. Und nicht zuletzt die E-Mobilität in allen Ausprägungen.

4 Herkömmliche und klimaneutrale Treibstoffe

Die Entwicklung der Treibstoff hat sich aus den Apotheken hin zu großindustrieller Herstellung entwickelt. Mit der Weltklimakonferenz in Paris ist 2025 wieder Bewegung in die Innovation neuer Energieträger für die Verbrennungsmotoren gekommen. Herkömmlicher Sprit wird mit Alkoholderivaten angereichter, Diesel mit Pflanzenöl. Neue Rohstoffe und neue Verarbeitungstechnologien öffnen ein neues Forschungsfeld.

4.1 Herkömmliche Treibstoffe

Die aktuell eingesetzten Treibstoffe für Verbrennungsmotoren sind mit diversen Additiven versehen, die eine bessere, also vollständigere Verbrennung anregen. Benzin mit 95 oder 100 Oktan hat Alkohol, genaugenommen Bio-Ethanol, beigemengt. Die Zahl E10 bedeutet dabei: 10 Volumenprozent Bio-Ethanol sind je Liter Benzin enthalten. Was macht dieses Bio-Ethanol?

Bio-Ethanol drückt den Benzinsiedepunkt nach unten. Durch den relativ hohen Alkoholanteil verdampft das Benzin früher und kondensiert an der Wand des Tanks. Die Folge ist eine dünne, aber vorhandene Schicht Wasser. Dieses Wasser beschleunigt die Korrosion an verschieden Bauteilen im Leitungstrakt und der Gemischaufbereitung. Motoren brauchen zur Verbrennung ein ausgewogenes Gemisch an Luft und Treibstoff. Früher waren es die Vergaser, heute sind es Einspritzpumpen und -düsen die im Zusammenspiel einiger Steuergeräte, dieses Verbrennungsgemisch im Ansaugtrakt aufbereiten. Dann wird dieses Gemisch im Zylinder verbrannt und die Abgase kommen aus dem Auspuff heraus – darunter vor allem CO_2. CO_2 entsteht übrigens bei jedem Oxidationsprozess, damit auch beim Grillen!

P. Farbowski, *Gekommen, um zu bleiben!*,
https://doi.org/10.1007/978-3-658-51916-2_4

Noch kurz zur Treibstoffkennzeichnung für Dieseltreibstoffe. So steht B7 für 7 % Biodiesel, der dem fossilen Diesel beigemengt wird. Der Biodiesel wird aus gebrauchten Speisefetten und Pflanzen, am ergiebigsten ist Raps, gewonnen. Hier sind die Auswirkungen auf den Leitungs- und Ansaugtrakt, soweit bisher bekannt, nicht mit Korrosion verbunden.

4.2 E-Fuels

E-Fuels steht für „electrofuels", das aus dem Englischen abgeleitet ist. Diese sind eine interessante Alternative. Die Herstellung in großen Mengen ist noch nicht weit genug entwickelt. Dazu braucht es große Energiemengen, um die E-Fuels zu raffinieren.

Die Herstellung erfolgt aus Wasserstoff und CO_2, das man der Erdatmosphäre entzieht und im Elektrolyseverfahren in Kraftstoff umsetzt. Wichtig ist dabei, dass Strom aus erneuerbaren Quellen eingesetzt wird, damit E-Fuels auch nachhaltig bleiben.

Aber nicht nur die Herstellung durchläuft mehrere verlustintensive Stufen, auch beim Einsatz der Treibstoffe sind die Verluste hoch. So ist die Energiebilanz mit nur 45 % nicht so gut, wie sie uns die Politik und die E-Fuels-Lobby verkaufen. Wird zur Herstellung der E-Fuels dann eben auch noch Strom aus nicht nachhaltigen Quellen genutzt, dann ist die Klimaneutralität der E-Fuels beim Teufel.

Weltweit sind derzeit 75 E-Fuel-Fabriken geplant. Die gesamte, weltweite Produktion würde ausreichen, um den Bedarf von Österreich zu decken, oder elf Prozent des Bedarfs der Bundesrepublik Deutschland.

4.3 Und dann gibt es auch noch HVO100

HVO100, was ist das schon wieder? HVO100 steht für „Hydrogenated Vegetable Oil" (hydriertes Pflanzenöl), das aus Biomasse, alles was irgendwie Öl enthält, gewonnen wird. Die 100 bedeuten, dass dieser Treibstoff 100 % aus Biomasse „Gemüse-Öl" erzeugt wird. Dieses Öl wird dann, ähnlich wie Rohöl, den Anforderungen der Verbrennung entsprechend ausraffiniert.

Sowohl bei E-Fuels als auch bei HVO100 stoßen die Autos CO_2 aus. Dadurch, dass die Treibstoffe aber aus dem CO_2 aus der Umgebungsluft oder dem in den Rohstoffen gebundenen atmosphärischen CO_2 in Kombination mit erneuerbarem Strom raffiniert werden, darf man von klimaneutral sprechen.

Nachdem bei HVO100 die Pflanze in der Fotosynthese der CO_2-Generator ist, also die Biomasse als Basis für den Kraftstoff aus der Umgebungsluft holt, sind die HVO100-Treibstoffe klimaneutraler als die E-Fuels.

Die Industrie, im Speziellen die mitteleuropäische Automobilindustrie, hat sich nach den Beschlüssen der COP in Paris beinahe flächendeckend auf den E-Antrieb und dessen Weiterentwicklung konzentriert.

Und nun setzt auch noch die Wissenschaft auf den E-Antrieb. Begründet wird dies aus dem Vergleich von drei Antriebsarten: 1. Verbrennungsmotor, 2. Batterieelektrischer Antrieb und 3. Wasserstoff.

Der Wasserstoffantrieb ist eine Kombination aus Elektro- und Verbrennungsmotor. Verbrennung allerdings nicht im klassischen Sinn, sondern in einer Brennstoffzelle, die den Wasserstoff als Brennstoff zusammen mit dem Sauerstoff der Umgebungsluft in der Elektrolyse wieder in Wasser und Strom umwandelt. Der so gewonnene Strom wird gekoppelt mit einer Pufferbatterie zum Antrieb des E-Motors verwendet. Diese Autos sind also das Beste aus zwei Welten und kleine fahrende Kraftwerke (Abb. 4.1).

Wie ist aber nun die Effizienz der eingesetzten Energie?
Jedem Antriebskonzept wird die gleiche Menge Energie zur Verfügung gestellt. Der E-Antrieb kann 73 % der eingesetzten Energie in Reichweite verwandeln, das Wasserstoffauto immerhin 31 % und der Verbrenner mit E-Fuels nur 20 %.

Warum ist das so? Dazu wieder etwas Physik: Der 2. Hauptsatz der Thermodynamik sagt uns, dass eingesetzte Energie niemals zur Gänze in elektrische Energie umgewandelt werden kann, obwohl Energie nicht verloren geht. Es entstehen Verluste in Form von Wärme, die also für die Nutzung als elektrische Energie für den Antrieb des Autos dann eben nicht in der gewünschten Energieform zur Fortbewegung da ist.

Die weiter oben angesprochene Effizienz der Antriebsarten wird von der Anzahl der Umwandlungsstufen der eingesetzten Energie bestimmt. Beim E-Antrieb landet der Strom beim Laden in der Batterie und wird von dort vom E-Motor entnommen. 73 % der Energie landen damit von Stufe eins (= eingesetzte Energie) im Antrieb.

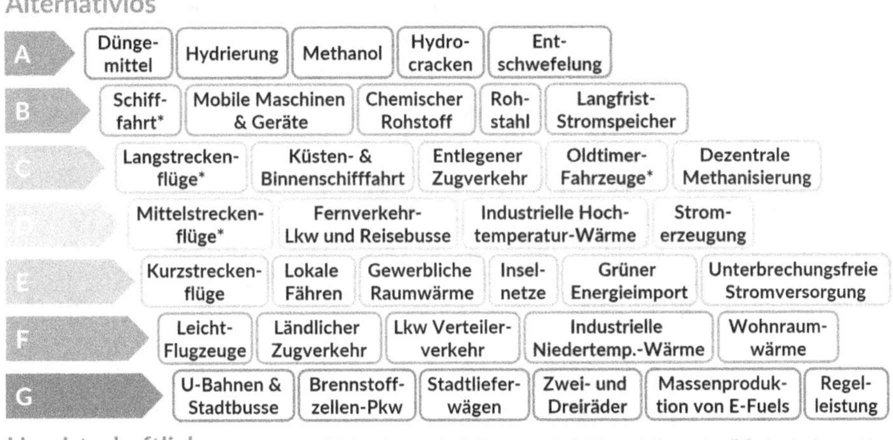

Abb. 4.1 Die Wasserstoffleiter von Michael Liebreich ©, 2021

4.4 Und auch noch Wasserstoff

Die ersten Versuche mit Wasserstoff gehen auf das Jahr 1807 zurück. Der französische Ingenieur Farnçois Isaac Rivaz meldete den Wasserstoffhubkolbenmotor zum Patent an. Damals wurde der Wasserstoff als Kraftstoff eingesetzt. Der Wasserstoff wurde in einem Ballon mitgeführt und in den Zylinder seitlich zusammen mit Luft in den Verbrennungsraum eingeblasen. Ein Zündfunke entzündete das Gemisch, schleuderte einen schweren Kolben in die Höhe und der Kolben fiel durch die Schwerkraft in die Ausgangsposition zurück. Dieser Kolben war über eine Zahnstange mit dem Riemenantrieb verbunden, der direkt auf die Räder wirkte und für den Antrieb sorgte.

1938 rüstete Rudolf Erren die klassischen Verbrennungsmotoren nach Otto und Diesel zum Betrieb mit Wasserstoff um. 1996 setzte MAN versuchsweise Otto-Wasserstoff-Verbrennungsmotoren für den Antrieb innerstädtischer Busse ein. 2000 verbaute BMW in die Siebener-Serie einen Hubkolbenmotor. 2007 wurde mit dem BMW Hydrogen 7 dann ein Verbrennungsmotor vorgestellt.

Heute geht es beim Wasserstoff-Antrieb um einen Elektroantrieb mit dem eigenen Kraftwerk an Bord, der Brennstoffzelle. Der in einem Tank mit 600 bar Druck mitgeführte gasförmige Wasserstoff wird nun in mehreren Prozessstufen zu Strom umgewandelt.

Mal vom Anfang an. Ganz zu Beginn wird der Strom in einen Wasserstoffreaktor geschickt, damit aus der Umgebungsluft in der Elektrolyse der Wasserstoff hergestellt wird. Dieser Wasserstoff wird dann in komplexen Tanks mit hohem Druck gelagert. Nun haben wir schon drei Stufen in der Energiekette und sind noch nicht beim Motor. Der nächste Umwandlungsschritt erfolgt in der Brennstoffzelle, dort werden aus dem Wasserstoff mit dem Sauerstoff aus der Umgebung Wasserdampf und elektrische Energie gewonnen. Diese Energie wird in einer Pufferbatterie zwischengespeichert und kommt dann erst zur Nutzung in den E-Motor. Das sind, wir erinnern uns an den E-Antrieb mit der zweistufigen Energienutzung, beim Wasserstoff sechs Umwandlungsschritte und die ergeben dann die 31 % der eingesetzten Energie.

Wie sieht das Nutzungskonzept der Energie bei den E-Fuels aus?

Wir beginnen wieder mit dem Strom, den brauchen wir zur Erzeugung von Wasserstoff und dazu auch noch, um das CO_2 aus der Umgebungsluft zu extrahieren, dann erst kann aus den beiden Gasen der Treibstoff gewonnen werden. Der Kraftstoff wird dann im Tank gelagert und in einem komplexen thermodynamischen Prozess in die nutzbare Energie für den Antrieb verwandelt. Das sind auch ohne den Verbrennungsprozess schon mindestens sieben Umwandlungsschritte. Und das macht dann die nur 20 % an Effizienz der anfangs eingesetzten Energie aus.

Wie könnten wir die Effizienz noch betrachten?

Ein Verbrennungsmotor hat einen Wirkungsgrad von 20 bis zu maximal 40 %. Beim Elektromotor liegt dieser Wirkungsgrad bei 80 bis 90 %. Das Doppelte! Bei der Verknüpfung der Effizienz aus der eingesetzten Energie mit den Wirkungsgraden ergeben sich dann die schon erwähnten Werte (Abb. 4.2).

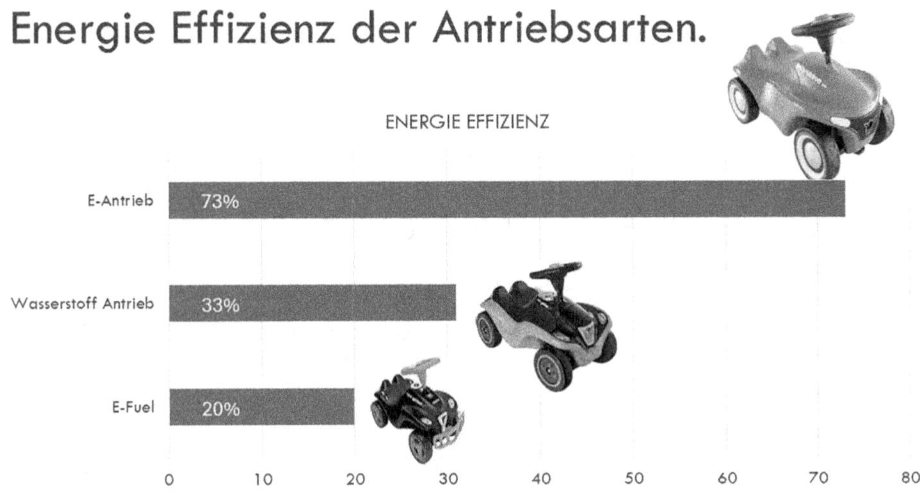

Abb. 4.2 Energieeffizienz moderner Treibstoffe © Peter Farbowski

4.5 Warum entweder oder, geht nicht beides?

Klingt so einfach, ist es aber nicht. 100 % Elektro wird es allerding nicht geben. Wie schon erwähnt, gibt es auch im Individualverkehr eindeutige Fahranwendungen für Verbrenner, besser für Plug-In-Hybride (PHEV). PHEVs sind aktuell am Markt groß im Kommen, obwohl es dafür mittlerweile keine staatlichen Förderprogramme mehr gibt. In den überwiegenden Fällen des gewerblichen Lastenverkehrs auf der Straße ist noch der Antrieb mit Verbrennungsmotoren im Vorteil. Mit den kommenden Batteriegenerationen wird auch hier der E-Antrieb in den meisten Anwendungen seinen Platz haben.

Die Produktion von Automobilen ist ein aufwendiges Unterfangen. Nach dem Taylorismus sind Produktionsstätten nur dann gut, wenn diese zu möglichst 100 % ausgelastet sind. Alles unter 100 % ist unwirtschaftlich, unter 95 % bedrohlich! Und die Automobilindustrie braucht Rechtssicherheit, belastbare Konzepte, nach denen die Auslastung der Produktionsanlagen geplant werden kann.

Wankelmütige Politiker, die heute mit der Brille des Umweltschutzes für den E-Antrieb sind und morgen mit der protektionistischen Brille für die mitteleuropäische Industrie mit den Zulieferern aus Österreich, die Verbrennungsmotoren forcieren, sind das mal nicht. Auch Schutzzölle haben zwei Seiten. Die Wirtschaftsgeschichte hat mehrmals bewiesen, dass Handelsbeschränkungen auf der Seite der nachgefragten Hersteller die Kreativität beflügeln und selten den „Beschützten“ geholfen haben.

So muss die hochentwickelte kontinentale europäische Autoindustrie auf der „sicheren“ Seite planen und verliert gegenüber den Mitbewerbern aus USA, dem Fernen Osten und denen, die in Zukunft noch kommen, den technologischen Anschluss. Das Volumen der E-Autos wird aus aller Herren Länder kommen, wenn in Europa und den Stammzellen der amerikanischen Autohersteller aus Chicago und Detroit nicht schnell verlässliche Rahmenbedingungen zu Gunsten des Klimas geschaffen werden.

Autohersteller planen wie gesagt die Fertigungskapazitäten nach den prognostizierten verkaufbaren Neuwagenzulassungen in einem zeitlichen Vorlauf von 18–24 Monaten. Solange nicht 200 % der „heutigen" Einschätzungen prognostiziert werden, wird auch nicht in neue, zusätzliche Fertigungsanlagen investiert. Bestehende „Bänder", so werden die Montage-Straßen gerne bezeichnet, können umgerüstet werden. Sowohl der Neubau als auch das Umrüsten von Produktions- und/oder Montage-Straßen brauchen mehrere Monate, ca. 12 bis 24. Die Programmierung der Montageroboter wird nach Fertigstellung der Bauarbeiten weitere sechs bis zehn Monate in Anspruch nehmen, bis die volle Produktionskapazität wieder zur Verfügung steht. Die erheblichen Vorlaufzeiten brauchen umso mehr die Rechtssicherheit. Aus Sicht der Industrie nicht nur kontinentale, sondern am liebsten weltweite Klarheit.

Fahrzeuge, die „auf Halde" produziert werden, weil die verfügbaren Fertigungskapazitäten sonst nicht ausgelastet wären, sind für Hersteller und die markengebundenen Händler gleichermaßen bedrohlich, weil die Erträge erodieren. Nutznießer sind in diesen Phasen die Käufer von Neuwagen, denn der Überbestand wird meist mit kreativen Verkaufsförderungen, hohen Rabatten und Sondermodellen in den Markt gebracht. Die hohen Lagerbestände der Hersteller von „Alfa Romeo bis Zastava" werden mit viel Kreativität und oft skurrilen Maßnahmen abverkauft.

Das Verhältnis von sieben Verbrennern zu drei E-Autos wird damit noch eine ganze Weile dauern. Jedenfalls so lange, bis neue flexible Fertigungsanlagen erdacht sind und gebaut werden können. Dann erst wird die Umrüstung für Hersteller auch kostenmäßig plausibel plan- und baubar. Dazu wird es den Erfindungsgeist von Technikergenerationen brauchen, die Fertigungsanlagen mit maximaler Flexibilität und neuen Prozessen entwickeln.

Fakt ist aber auch, dass die mitteleuropäischen Autohersteller die e-mobilen Fahrzeuge sehr ambitioniert eingepreist haben. Natürlich müssen die investierten Forschungs- und Entwicklungsbudgets refinanziert werden. Und vieles ist immer noch im Fluss, braucht noch Erfahrungen aus der Praxis, um auf nachhaltige Lösungen zu kommen. Die letzten 100 Jahre haben den technischen Stand der verbrennungsmotorgetriebenen Fahrzeuge sehr hoch entwickelt. Die Basis zum Start für die E-Autos ist damit schon eine sehr hohe gewesen. Die Leistungen der E-Motoren sind aus meiner Sicht viel zu hoch. Die Leistung zu reduzieren wird auch die Reichweiten deutlich erhöhen. Das Drehmoment ist der Wert, der uns Fahrspaß, Leistung, Agilität vermittelt. Drehmoment steht bei E-Antrieben in jeder Stellung des Gaspedals „ausreichend" zur Verfügung. Und ausreichend ist eine Messangabe, die Rolls Royce bei der Motorleistung in den Prospekten offiziell angibt.

Das Downgrading der Motorleistungen auf ein ausgewogenes Maß zwischen Fahrspaß, Reichweite und Drehmoment wird meiner Einschätzung nach der Fokus auf die Marktansprüche bei der Entwicklung der Automobilität in den kommenden Jahren sein. Die hohen Leistungen, die beim Rekuperieren gewonnen werden können, sind ein Grund warum die leistungsstarken E-Motoren verbaut werden.

Eine berechtigte Frage stellt sich: Warum Bewährtes wegwerfen?

Gehen wir von Österreich aus, so ist der aktuelle Fahrzeugbestand laut Statistik Austria für das Jahr 2024 5,23 Mio. PKW. Im Klartext bedeutet das, dass mehr als jeder zweite Österreicher ein Auto besitzt, statistisch natürlich. Immerhin ist das Vollmotorisierung, denn mehr als jeder Haushalt hat damit statistisch gesehen mindestens einen PKW zur Verfügung. Betrachten wir die Antriebe, sind knapp 90 % mit Verbrenner-Aggregaten betrieben, über zehn Prozent mit neuen, sogenannten alternativen Antrieben wie Elektro, Wasserstoff (Brennstoffzelle), Hybride und Gasantriebe. Rein Elektro sind schon knapp vier Prozent des Fahrzeugbestandes. Bis die Transformation im Bestand stattgefunden haben wird, werden noch deutlich mehr als 15 Jahre ins Land ziehen, das ist mittlerweile auch die durchschnittliche Haltedauer eines PKW in Österreich (Quelle Statistik Austria online, Jahr 2024). Anders verhält sich der Anteil im Jahr 2024 bei den Neuzulassungen, hier ist bereits mindestens jedes zweite Auto eines mit „alternativem Antrieb" (BEVE- und PHEV), jedes fünfte Fahrzeug ist rein elektrisch angetrieben. Wenn wir dies berücksichtigen, wird es rein rechnerisch bis zur Transformation des Fahrzeugbestands noch über 100 Jahre dauern!

Fazit: Der Zukunft des Menschen zuliebe wird noch mehr Druck auf die Antriebswende kommen müssen. Andererseits wir es noch lange, sehr lange Fahrzeuge mit Verbrennungsmotoren im Bestand der PKW in Österreich geben. Dieselben Verhältnisse kann man über ganz Europa legen, ohne große Abweichungen. Ganz Europa?

Nein, der skandinavische Raum ist einen ganz großen Schritt vorne. Norwegen hat es mit harten Maßnahmen geschafft, dass von gesamt 126.953 PKW 82,40 % emissionsfreie Fahrzeuge sind. Hier schreitet die Transformation wesentlich schneller voran und wird mit Ende 2024 schon gleichviele E-Autos wie benzingetriebene Fahrzeuge im Bestand (ca. 2,9 Mio. Fahrzeuge) haben. Zudem nimmt der Fahrzeugbestand seit zirka zehn Jahren in Norwegen kontinuierlich ab. Das sind die ersten Anzeichen von der Antriebswende zur echten Mobilitätswende (Abb. 4.3).

„Das Aus vom Verbrenner-Aus" (Zitat „auto touring", Juni 2024), das in den europäischen Ländern und der Union aktuell heiß diskutiert wird, bedeutet, wie oben schon erwähnt, Rechtsunsicherheit für die Hersteller und den Handel: Nicht nur dort hinterlässt diese Diskussion ihre Spuren. Auch die Dynamik im Ausbau der Ladeinfrastruktur verliert an Geschwindigkeit. Darum gerät der Ausbau der Stromnetze weniger unter Druck und dringend notwendige Investitionen werden dann zeitlich nach hinten geschoben. Als Konsequenz verlangsamt sich damit auch die dezentrale Stromversorgung über Photovoltaik und Wind-Energie-Anlagen, die auf zeitgemäße, leistungsstarke Netze ebenso angewiesen sind, wie die aufzubauende Ladeinfrastruktur.

Ohne rechtssicheren politischen Rahmen wird die Antriebs- und die damit verbundene Mobilitätswende nicht stattfinden. Auch wenn die nach 2000 Geborenen Mobilität nicht mehr besitzen werden, sondern bedarfsgerecht anmieten, wird die echte Mobilitätswende verzögert. Die Transformation zur überwiegend nachhaltig angetriebenen Mobilität wird

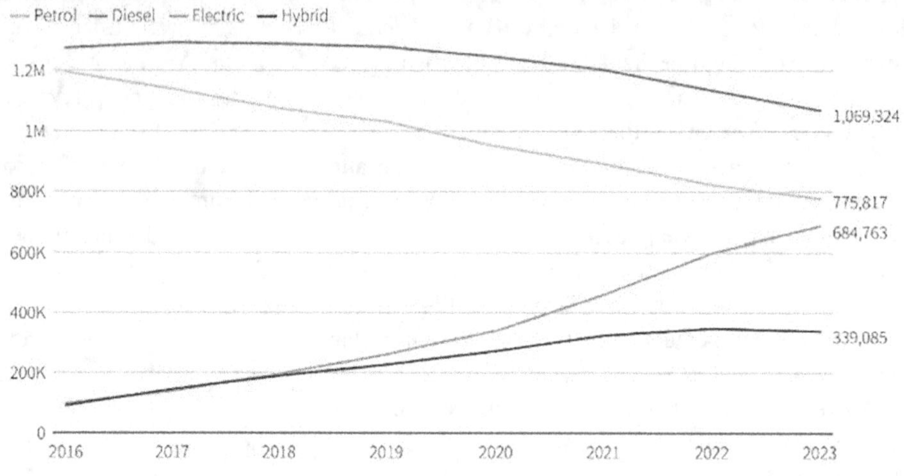

Abb. 4.3 Norwegen, Veränderung der Verteilung der Antriebsarten, © Statistics Norway

noch dauern und damit wird der Bestand an Verbrennungsmotoren für die individuelle Mobilität noch lange erhalten bleiben. Die künftigen Generationen werden uns fragen, warum wir nicht schon heute konsequenter gehandelt haben. Dass es geht, zeigt uns Norwegen.

5 Rechtssicherheit – die Auswirkungen der Unsicherheit

Die Medien im Sommer 2024 laufen über mit Horrormeldungen aus der europäischen Automobilindustrie. Ein jahrelanges Aushängeschild und der Motor der europäischen Wirtschaft kommt ins Stottern. Weiter oben wurde dieses Thema schon kurz gestreift.

Wir erinnern uns: 2015, damals war die Welt-Klimakonferenz in Paris und mehr als 171 Nationen ratifizierten die Beschlüsse. Staaten, Staatengemeinschaften und Kontinente waren eifrig dran, Maßnahmen zu definieren und umzusetzen, die die vereinbarten Ziele erreichen sollen. Alle und immer?

Nein! Die Großen Nationen wie China und USA hatten massive Reduktionen des CO_2-Ausstoßes bis 2024 erreicht. Dazu hat China zeitgerecht intensiv in die Technologieoffenheit investiert. Technologieoffenheit wurde im Land der Erben Maos von der „Maschek Seit'n", also aus dem Blick in Richtung Zukunft, angegangen. So wurde aus der Sicht der Verbrenner die Antriebstechnologie weiterentwickelt. Der Wankelmut der europäischen Politik, egal ob auf nationaler oder internationaler Ebene bringt Rechtsunsicherheit. Damit ist die Ausrichtung der europäischen Industrie innerhalb der geltenden Rahmenbedingungen so gut wie unmöglich.

Die chinesischen Autohersteller, denen im letzten Jahrtausend die Europäer noch milde lächelnd alles an Know-How zum Bau guter, qualitativ den internationalen Standards entsprechenden Fahrzeuge im uneingeschränkten Eigeninteresse vermittelten, haben diesen Input dankend angenommen und weiterentwickelt.

Kein Wunder, dass heute China die Nase vorne hat und mit messerscharfem Blick in Richtung Zukunft schaut. Darwins Theorie, dass die Anpassungsfähigsten überleben und nicht die Stärksten, wird aus China eindrucksvoll bestätigt. Mit Hochgeschwindigkeit wird weiterentwickelt.

Die Diskussion und der Beschluss der Einfuhrzölle gegen chinesische E-Autos in Höhe von 36,3 % hat die Hersteller aus dem Land der Drachen zu weiteren Anpassungen

P. Farbowski, *Gekommen, um zu bleiben!*,
https://doi.org/10.1007/978-3-658-51916-2_5

animiert. So werden kurzerhand Produktionsanlagen in Europa errichtet. Dafür werden die mitteleuropäischen Hersteller wie die BMW-Group, die Volkswagen-Gruppe und auch die Amerikaner, allen voran Tesla, mit Zöllen aus Ihren eigenen Werken in China belegt. So geht europäischer Protektionismus.

Der österreichische Bundeskanzler Nehammer hat sich mit seinem „Verbrenner-Gipfel“, in vorauseilendem und falsch verstandenem Gehorsam besonders in Szene gesetzt. Die lokalen Hochwässer im September 2024 haben großen Schaden angerichtet. Viele Familien hatten existenzbedrohende Verluste zu verkraften.

Es ist nicht nur zeitgemäß, sondern an der Zeit, von der Behandlung der Klima-Symptome zur Behebung der Ursachen des Klimawandels zu schreiten. Auch die Mobilitätswende und im ersten Schritt die Antriebswende sind aktive Beiträge, die Ursachen der Klimaveränderung zu verlangsamen. Aufzuhalten ist sie wohl nicht mehr.

Dieser kleine Ausflug in Richtung Klimawandel musste sein.

Die im ersten Teil dieses Kapitels angesprochene Rechtsunsicherheit und hatte auch in der Fachpresse ihre Auswirkungen.

So wollten Journalisten wissen, dass Mercedes klare Konsequenzen zu ziehen hat.

Mit dem schleppenden Anlauf des Absatzes von E-Fahrzeugen wegen überhöhter Preise am europäischen Markt, haben sich viele Hersteller verrechnet. Fast alle haben ihre E-Auto-Ziele nach unten korrigiert. Denn Verbrenner und Hybride würden noch lange weiterleben.

Mercedes ruderte beim E-Auto zurück und hat mittlerweile die Modellbezeichnung der EQ-Modelle völlig vom Markt genommen.

Eigentlich war der Plan bei Mercedes klar: Die EQ-Modelle sollten als E-Autos eine Zeit lang parallel zu den bekannten Verbrennern wie S-, G- oder E-Klasse angeboten werden. Dann sollten die Stromer den Namen übernehmen und der Verbrennungsmotor damit verschwinden.

Davon verabschieden die Stuttgarter sich für eine kurze Zeit. Statt die Verbrenner auslaufen zu lassen, sollte die S-Klasse als Aushängeschild von Mercedes eine neue, dann achte Version erhalten, die von einem Verbrennungsmotor angetrieben wird. Der Startschuss für die Luxuslimousine ist in 2030 geplant.

Das elektrische Pendant der S-Klasse, genannt EQS, könnte es dann nicht mehr unter diesem Namen geben. Stattdessen soll dem Namen nach nur die S-Klasse übrigbleiben. Wie der Mercedes-Chef Ola Källenius ankündigte, soll es in Zukunft zwei S-Klassen geben – Verbrenner und Elektro. Wie sagt, nur angeblich und nicht aus gesicherten Quellen.

Man lernt von einander, von großen und kleinen Elektro-Erfolgen der europäischen Hersteller.

E-Modelle werden den Schwestermodellen mit Verbrennungsmotor immer ähnlicher. Sowohl in Design als auch bei der Innenausstattung. Das ist nicht nur alles gut. Denn gerade beim E-Antrieb ist die Leichtbauweise entscheidend für die Reichweite. Für die Verbrenner wird das Abspecken bestimmt auch nicht schaden.

Mercedes hat mit den Bezeichnung der Baureihen für seine Abnehmern eine klare Nomenklatur geschaffen, die eben auch bei den Endungen der EQ-Modelle konsequent umgesetzt wurde. Grund für die Entscheidung ist einerseits der bekannte Name S-Klasse. Ähnlich wie VW beim Golf will Mercedes darauf nicht verzichten. Die EQ-Nomenklatur ist also nicht von Dauer.

Dass die Stuttgarter nun davon absehen, die Verbrenner-Modelle durch ihre Elektropendants zu ersetzen, ist dem schlechten Abschneiden letzterer geschuldet. Eigentlich wollte Mercedes bereits 2023 einen E-Anteil von 20 % erreichen, für 2025 waren 50 % anvisiert.

Stattdessen kam Mercedes 2023 auf elf Prozent. Die Hälfte will man nun erst 2030 schaffen. Außerdem hat auch die gute alte S-Klasse mit Verbrenner aktuell zu kämpfen: Im ersten Quartal 2024 ist der Absatz der S-Klasse um 37 % eingebrochen. Mercedes hat die Produktion gedrosselt.

In Zukunft sollen die Modelle gemeinsam das Ruder wieder rumreißen. Eine Strategie, die der ähnelt, die BMW bereits seit Jahren fährt. Bei der Münchner Konkurrenz setzt man auf bekannte Designs bei E-Autos, statt auf auffällige Neuinterpretationen. Erst 2025 sind die ersten BMW der neuen Klasse erschienen, die auf einer eigenen Plattform stehen. Auch da hat sich BMW für den gemächlicheren Weg entschieden. Der Erfolg gibt den Bayern recht – das dürfte nun auch bei Mercedes immer klarer werden.

6 Was tut sich in der Branche

Wann werden alle großen Automarken vollständig elektrisch fahren?

Die nächsten Zeilen und Absätze sind eine unvollständige Sammlung der Presseaussendungen und Ankündigungen namhafter Fahrzeughersteller. Die Quelle der Statements ist jeweils unterhalb des Markennamens angeführt.

Offensichtlich sind die Tage des Verbrennungsmotors gezählt und alle großen und auch neuen Automarken haben ihre Aufmerksamkeit auf Elektroautos gerichtet. Die vielen neuen, unbekannten Marken, die im Zuge des Ausbaus der E-Mobilität entstanden sind, wurden hier nur teilweise aufgeführt. Die asiatischen Hersteller haben jedenfalls zum überwiegenden Teil erkannt, vom Start weg zu 100 % auf Elektro zu setzen. Werfen wir einen Blick auf die Pläne der beliebtesten Hersteller und deren Pläne, wann ganz auf Elektroantrieb umgestiegen werden wird. Während einige Automobilhersteller ihre Strategie bestätigt haben, haben einige Marken noch keinen Termin genannt und sind daher mit „TBC“ (to be confirmed) gekennzeichnet.

Der niederländische Investmentkonzern Stellantis, mit italienischem Ursprung, vereint 19 traditionsreiche Marken von überwiegend europäischen Herstellern unter einem Dach. Darunter die Marken Abarth, ALFA ROMEO, Citroën, Chrysler, Dodge, DS, Fiat, Jeep, Lancia, Maserati, Opel, Peugeot, RAM-Trucks und Vauxhall. Für alle Marken geht Stellantis den Weg spätestens ab 2030 eine rein elektrische Modellpalette anzubieten. Schon 2024 und 2025 sind etliche Modelle mit E-Antrieb dazu gekommen. Gemeinsam hat man die STLA-Plattform entwickelt, die für den ALFA ROMEO Junior ebenso eingesetzt wird wie für die neuen Modelle in der Familie von Citroën, Jeep, Opel, Peugeot und Vauxhall.

Die für das Jahr 2025 angekündigte Guilia Limousine wurde auf 2026 verschoben. Rein elektrische mit 1000 PS, 800 V Ladetechnologie und einer Reichweite von 441 km ein echtes Highlight auf dem Markt. Bis 2027 soll auch noch eine Luxuslimousine die

P. Farbowski, *Gekommen, um zu bleiben!*,
https://doi.org/10.1007/978-3-658-51916-2_6

Palette ergänzen, die mit dem Porsche Taycan und dem Audi e-tron konkurriert. Auch der Stelvio wird mit einem SUV-Flaggschiff seinen Nachfolger bekommen.

Citroën, ebenfalls eine Marke von Stellantis, ist schon mit einer elektrifizierten und modernen Modellpalette am Markt. Die französische Marke geht vom winzigen Ami-Vierrad – der eigentlich kein Auto ist – bis zum Großraum Kastenwagen. Sowohl bei Peugeot als auch bei Citroen waren für 2026 nur noch Elektromodelle im Angebot geplant. Wie es aussieht, wird erst ab 2030 nur noch elektrisch gefahren.

Fiat wird ab 2030 nur noch Elektroautos verkaufen. So ist es angekündigt. Neben dem elektrischen Fiat 500 sind nun auch schon der 600e und der elektrische Panda 4 × 4 am Markt. Die internen Konkurrenzverhältnisse am Markt sind bei einem so breit aufgestellten Portfolio durchaus interessant.

Der Opel/Vauxhall Corsa Electric als Schwester des FIAT 600e ist der direkte Mitbewerber um die Gunst der Käufer.

Opel als Teil der Stellantis-Garage verfolgt das Ziel, ihr Markenportfolio in Europa bis 2028 rein elektrisch zu betreiben. Gegenwärtig bietet Opel neben des Basismodellen in Elektroversionen auch wieder den Fontera als E-Version an.

Jeep, als klassische Offroad-Marke ist spät dran, hofft aber, dass sein neuer Avenger, das erste Elektromodell der Marke, die Aufmerksamkeit potenzieller europäischer Käufer auf sich zieht. Die Marke hat bestätigt, dass dem Avenger zwei weitere Modelle folgen werden: ein neuer Recon, der sich auf das Gelände konzentriert und ein Premium-Wagoneer S, der im zweiten Quartal 2026 da sein wird. Die Stellantis-Strategie wird Jeep in Europa bis 2030 rein elektrisch fahren lassen und 70 % seiner weltweiten Jeep-Verkäufe mit Elektrofahrzeugen tätigen.

Ja, auch Maserati, als Sportwagenschmiede, ist unter dem Mantel von Stellantis zuhause. Der italienische Automobilhersteller hat im vergangenen Jahr den GranTurismo Folgore als erstes Elektromodell auf den Markt gebracht, zusammen mit einer elektrischen Version des neuesten SUV Grecale. Die Muttergesellschaft Stellantis hat bestätigt, dass Maserati bis 2030 zu einer reinen Elektromarke wird.

Ich weiß, Sie wissen, Peugeot ist auch eine Marke von Stellantis. Auch von dieser Marke werden bis 2030 alle Modelle in Europa zu 100 % elektrisch sein. Ab 2027 will Peugeot eine Reihe von „BEV-by-design"-Modellen auf den Markt bringen, die auf maßgeschneiderten Elektroplattformen basieren. Das Styling der neuen Modelle wird stark vom Peugeot Inception Concept beeinflusst sein.

Lassen sie uns in der Nähe von Stellantis auch noch über Ferrari sprechen. Nein, Ferrari gehört nicht mehr zu Stellantis, obwohl es den Firmensitz auch nach Amsterdam verlegt hat. Die Familie Agnelli, die neben dem Sohn von Enzo Ferrari, Piero, den größten Teil der Aktien hält, sitzt aber noch in Maranello, wo Ferrari auch herkommt.

Die traditionsreiche Marke will 2025 ihren ersten elektrischen Sportwagen auf den Markt bringen, hält sich aber noch bedeckt, wie die zukünftige Maschine aussehen wird.

Wie man am Flurfunk hört, wird der erste Elektro-Ferrari ein Zweisitzer mit einem Motor an jedem Rad sein, sodass er Allradantrieb hat. Da fällt mir der Lohner-Porsche von

Ferdinand Porsche ein, den er 1893 in Steyr für Austro Daimler konstruiert hatte. Mit Radnabenelektromotoren.

Unter Renault ist auch Alpine und Nissan versammelt. Mitsubishi ist als entfernter Verwandter auch in der Allianz angedockt. Renault wird in Europa bis 2030 eine reine Elektromarke sein. Bis 2025 hat das Unternehmen 24 neue Elektromodelle in seinem Markenportfolio auf den Markt gebracht. 2025 ist der mit Spannung erwartete R5 Hatchback dazu gekommen, kurz drauf der R4. Allesamt Klassiker, die in ihrer ersten Generation schon den Automarkt geprägt haben. Aber Retro ist ja Zukunft, nicht nur bei Jeans, auch bei Autos. Der R4 wird ein elektrischer Geländewagen im Retro-Stil sein.

Das japanische Unternehmen Nissan, das viel Design und Know-how von Renault bekommt, wurde zum Pionier in der Welt der Elektroautos, als es vor über einem Jahrzehnt den Leaf mit Fließheck auf den Markt brachte. Seitdem ist das Unternehmen seinen Rivalen in Europa hinterhergefahren und hat nur wenige Details zu seinen Elektrifizierungsplänen bekannt gegeben. Mit dem Ariya hat Nissan 2025 ein zweites E-Modell auf den Markt gebracht.

Alpine, diese Retromarke gehört auch zu Renault, bietet im Moment noch kein Elektroauto an. Die Konzentration gilt dem Sportwagen A110 in verschiedenen Motorvarianten. Alpine hat 2023 mit der Elektrifizierung experimentiert und den A110 E-Ternité vorgestellt. Der Presse, nur der Presse. Der A110 E-Ternité ist beeindruckende 1378 kg leicht.

Aston Martin, die britische Traditionsmarke, bewegt seit vielen Jahren James Bond und ist für eine Reihe von Sportwagen und seit kurzem auch für einen SUV bekannt. Im Laufe des Jahres 2026 soll das erste Elektroauto in Form eines SUV angeboten werden. Na ja, mal schauen, wie sich 007 in Zukunft definieren wird? Jedenfalls wird der elektrische Aston Martin mit einem Motor und einem Power-Pack des US-Startups Lucid angetrieben werden.

In der Welt von Volkswagen, die elf Hauptmarken unter ihrem Schirm vereint, hält die Elektrifizierung umfangreichen Einzug. Auf Seite 133 finden sie dazu die Meinung von Oliver Blume, dem Vorstandsvorsitzenden der Volkswagen Group AG. Alle Marken unter dem Zeichen von VW werden elektrisch, nicht alle zu 100 %, aber fast alle und das bis spätestens 2035. Die Marke Volkswagen selbst hinkt da etwas hinterher.

Audi plant, ab 2026 weltweit, nur noch neue Elektroautos auf den Markt zu bringen. Derzeit beinhaltet das sehr umfangreiche Elektroauto-Angebot von Audi alle wesentlichen Baureihen.

Der Automobilgigant Volkswagen, immerhin zweitgrößter Hersteller der Welt mit all seinen Marken, plant bis 2035 in Europa zu einem reinen Elektroautohersteller zu werden, wobei die USA und China bald darauf folgen sollen. Volkswagen hat für seine reinen Elektrofahrzeuge extra die „ID"-Reihe. Zuvor verkaufte Volkswagen den e-Golf und den e-Up, elektrifizierte Serienmodelle aus der Welt der Verbrennungsmotoren.

Der Luxusautohersteller Bentley, der aus seiner Historie mit großvolumigen Verbrennungsmotoren angetrieben sein muss und auch unter dem Dach der Volkswagen

Group beherbergt ist, will bis 2030 auf Elektroantrieb umsteigen. Ist der politische Druck ist so groß, dass auch alle traditionsreichen Marken elektrifizieren müssen?

Bentley hat noch kein Elektromodell auf den Markt gebracht, aber sein erstes Elektroauto soll bis Ende 2026 auf den Markt kommen. und Das erste Elektromodell von Bentley wird dem Vernehmen nach eine Limousine sein, die in einer neuen Fabrik am Hauptsitz des Unternehmens in Crewe, Großbritannien, gebaut wird. Bis 2030 plant Bentley vier weitere Elektroautos auf den Markt bringen, um bis zum Ende des Jahrzehnts kohlenstoffneutral zu werden.

Apropos Luxusmarken. Sogar Lamborghini wird elektrifiziert. Gut, Elektromotoren sind mit dem sofort verfügbaren Drehmoment geradezu für Sportwagen gemacht. Lambo leise statt laut ist eine große Veränderung. Ganz leise geht doch nicht und so wird Lamborghini, der Verpflichtung der Geschichte folgend, mit Hybridantrieben beginnen, um schrittweise bis 2030 voll elektrifiziert zu sein.

Seat hat mit der Marke Cupra eine eigene Erlebniswelt geschaffen, die ebenso für Sportlichkeit wie für die elektrische Marke steht. Mit dem Born war man 2023 am Markt. 2025 folgte der Tavascan, ein sportlicher Crossover zwischen Limousine und SUV.

Die traditionsreiche Marke Skoda will den Anteil der Elektroautos an den Gesamtverkäufen bis zum Ende des Jahrzehnts auf 70 % steigern und wird eine Palette von sechs Elektroautos anbieten. Vom siebensitzigen SUV, der 2026 auf den Markt kommen soll, bis zum Enyaq Coupé. Das Unternehmen wird aber seine Produktpalette in den kommenden Jahren erheblich ausbauen.

Porsche firmiert auch unter dem Dach der Volkswagengruppe und hat mit seinem ersten Elektroauto, dem Taycan, einen frühen Erfolg erzielt. Darauf aufbauend wird Porsche, eine Marke mit reicher Verbrenner-Tradition, die aber immer schon für Technologierführerschaft und Innovation steht, mit einer Reihe neuer Elektromodelle aufwarten. Bis 2030 will Porsche einen 80-prozentigen Anteil an Elektroauto-Verkäufen erreichen.

BMW hat als einer der wenigen mitteleuropäischen Hersteller rechtzeitig auf den E-Antrieb gesetzt und war mit dem i3 und dem i8 weit, ganz weit vorne mit dabei. Vor Tesla! Eine gravierende Fehleinschätzung der Führung im Jahre 2016 hat damals BMW aus der Überholspur geworfen. Forschung und Entwicklung im Bereich E-Mobilität wurden eingestellt, der BMW i8 vom Markt genommen und der i3 nicht mehr weiterentwickelt. BMW hat mit viel Aufwand wieder aufgeholt und bietet heute eine umfassende Palette von Elektromodellen. Die Marke mit Sitz in München hat noch kein Datum für die Einführung einer reinen Elektroautoflotte genannt, erwartet aber, dass bis 2030 50 % ihrer weltweiten Verkäufe vollelektrisch sein werden.

Seit 2001 ist Mini, die britische Traditionsmarke, unter den Fittichen von BMW beheimatet. Mini wird komplett auf Elektroantrieb umstellen, wobei das letzte Modell mit Verbrennungsmotor im Jahr 2025 auf den Markt gekommen ist. Minis der Standardbaureihen sind bereits mit Elektroantrieb erhältlich. Sogar John Cooper Works-Modelle, das ist die Highperformance-Linie von Mini, wird es mit E-Antrieb geben.

Letztes Jahr stellte der Luxusautohersteller Rolls Royce mit dem Spectre sein erstes Elektromodell vor. Nach dem Elektrocoupé werden auch die Nachfolger der anderen

Modellreihen folgen. Die Marke, die sich im Besitz von BMW befindet, plant, bis 2030 eine rein elektrische Modellpalette anbieten. Es ist auch die Rede davon, dass ein Elektrokombi als Teil der neuen Elektromodellreihe auf den Markt kommt. Kombi und Rolls Royce, das passt nicht. Elektro macht fast alles denkmöglich.

Der amerikanische Autogigant Ford will bis 2030 eine vollelektrische Modellpalette anbieten und hat seit 2024 sieben neue Elektromodelle für seine Pkw- und Nutzfahrzeugsparten auf den Markt gebracht. Anfang des Jahres 2025 kündigte Ford an, die Produktion des äußerst beliebten Fiesta einzustellen und sich auf seine elektrischen Ambitionen zu konzentrieren. Ford wird in den kommenden Monaten und Jahren die Modellpalette weiter elektrifizieren.

Der in Tokio ansässige Automobilhersteller Honda Motors wird eine umfangreiche Elektrifizierungsstrategie im Wert von 31 Mrd. Euro verfolgen und plant, bis 2030 30 neue vollelektrische Modelle auf den Markt zu bringen. Honda hat vor kurzem seinen neuen kleinen Elektro-SUV e:Ny1 in Europa auf den Markt gebracht.

Zehn Elektromodelle sind bis 2026 für den chinesischen Markt geplant, während Japan ein kleines Elektrofahrzeug und einen neuen Elektro-SUV erhalten wird. Das Ziel des japanischen Unternehmens ist es mit der 0-Serie mit neuester Leichtbau-Technologie bis 2040 auf allen wichtigen Märkten zu 100 % elektrisch oder mit Wasserstoff betrieben zu werden. Die Premiere der ersten beiden Serienmodelle erfolgte schon im Januar 2025 im Rahmen der CES in Las Vegas. Die CES (Consumer Electronic Show) ist die weltweit größte Messe für Unterhaltungselektronik! Dort werden neuerdings auch Autos präsentiert.

Spannend ist der Ansatz wieviel KI in den Fahrzeugen schon heute eingesetzt wird. Die Serienfahrzeuge von Honda könnten wie das Concept-Car nach dem Drive-by-wire-Prinzip lenken, also ohne mechanische Verbindung zu den Rädern. Zahlreiche moderne Sensoren und Assistenten werden sie auf jeden Fall an Bord haben.

Honda entwickelt ein eigenes Betriebssystem, in das sie die ebenfalls selbst entwickelte KI implementieren wollen. Das lernfähige System verfügt dann zum Beispiel über eine sensorgesteuerte Gesichtserkennung in der B-Säule. Nähert sich der Fahrer und wird er erkannt, öffnet sich automatisch die Tür. Ist er schwer bepackt oder schiebt einen Kinderwagen, geht die Kofferraumklappe gleich mit auf. KI und die vielen im Innenraum verbauten Kameras sollen es irgendwann auch möglich machen, dass Familie, Freunde und Partner per VR-Brille von zu Hause aus virtuell auf dem Beifahrersitz Platz nehmen, den Fahrer begleiten und unterhalten. Wenn Honda schon bei null anfängt, dann mit einem gewissen Unterhaltungswert.

Mit der Produktreihe Ioniq hat Hyundai schon früh mit einem vollelektrischen Angebot den Markt belebt. Seither beeindruckt Hyundai immer wieder mit mutigen Designs und führender Technologie. Die Südkoreaner verstehen es, technisch ausgereifte und zeitgemäße Modelle zusammen mit dem Schwesterunternehmen KIA auf den Markt zu bringen.

Bis 2030 wird Hyundai Motors noch weitere 17 neue Elektroautos auf den Markt bringen.

Die Elektroauto-Palette von Kia umfasst derzeit fünf Modellreihen. Alle State-of-the-Art. Die koreanische Marke wird bis Ende 2027 weltweit 15 neue Elektromodelle auf den Markt bringen. Der Schwerpunkt wird auf dem europäischen Markt liegen.

Die beiden Schwestern Hyundai und Kia werden in Europa bis 2035 komplett auf Elektroantrieb umstellen und wollen bis 2030 weltweit 1,2 Mio. EV verkaufen. Ambitioniert und engagiert.

Elegante, sportliche und royale Autos sind die Domäne des ursprünglichen britischen Markenverbundes Jaguar-Land Rover (JLR). Eigentümer der britischen Marken ist seit 2008 die indische Tata Group. Tata ist in Indien eine große, wirklich große Industrie-Gruppe mit 29 Unternehmen und einem Wert von mehr als 403 Mrd. US-Dollar. JLR hat sich selbst verpflichtet, bis 2026 ein elektrifiziertes Modell von jeder ihrer neu gegründeten vier Marken (Range Rover, Defender, Discovery und Jaguar) bis 2030 ein Elektromodell in jeder Modellreihe anzubieten. Ab 2036 wird jedes verkaufte Auto elektrisch sein.

Ob Jaguar kurz vor der Umbenennung in einen Hersteller von Elektroautos der Luxusklasse steht oder die Marke erhalten bleibt, ist offen. Bis 2026 werden die ersten viertürigen GT-Modelle mit Elektroantrieb auf den Markt gebracht. Der Jaguar i-Pace ist ja fast schon ein Klassiker.

Als Nation war Japan im Thema Klima- und Umweltschutz schon immer vorne dabei. Die japanischen Autohersteller sind diesem Trend nicht so gefolgt. Der eigenen Tradition entsprechend, waren die japanischen Hersteller noch nie wirklich Technologieführer.

Mazda war bisher ziemlich still an der EV-Front, stellte aber 2024 eine neue Elektrifizierungsstrategie vor. Der Mazda MX30 war ein Crossover und war das einzige vollelektrische Modell von Mazda. Die japanische Marke wird 8,9 Mio. Pfund in Elektromodelle investieren. Ab 2028 wird Mazda seine Ambitionen im Bereich der Elektromobilität verstärken und jedes Modell elektrifizieren, das es herstellt.

Toyota, ist seit Jahrzehnten führend bei Hybridantrieben, hat sich aber noch nicht auf einen konkreten Termin für die Einführung von Elektroautos festgelegt. Mit dem bZ-Programm werden aber emissionsfreie Modelle konzipiert. Der bZ4X ist das erste vollelektrische Fahrzeug dieser Bau- und Philosophiereihe. Im Segment der leichten Nutzfahrzeuge sind schon elektrische Angebote da. Lexus will bis 2035 auf allen Märkten 100 % Elektrofahrzeuge verkaufen.

Ende 2021 stellte Toyotas ehemaliger CEO Akio Toyoda 15 neue Elektroautos vor, darunter Stadtautos, Limousinen, SUVs und Geländewagen. Sie stellen nur die Hälfte der 30 Elektroautos dar, die Toyota bis 2030 auf den Markt bringen will. Bis dahin will das Unternehmen 3,5 Mio. Elektroautos verkauft haben, bisher waren es zwei Millionen.

Mercedes-Benz ist Tradition. Der Stern steht für gediegene Qualität, Hüte auf der dafür vorgesehenen Ablage, mit AMG auch für Sportlichkeit und Innovation. Bis 2030 wollen die Stuttgarter eine vollelektrische Modellpalette anbieten. Die Mercedes-Produktpalette besteht bereits aus Elektroautos, vom EQA-Fließheck bis zum EQS SUV. Seit 2025 bietet die deutsche Marke von jedem Modell eine Elektroversion an. Die C-Klasse Limousine soll in der nächsten Generation einen elektrischen Antrieb erhalten. Eine elektrische

A-Klasse mit Fließheck ist ebenfalls in Planung. Die Umstellung auf 100 % Elektroantrieb ist bei der Submarke Smart schon vollzogen.

Nachhaltigkeit und Sicherheit sind die jahrzehntelangen Kernwerte der schwedischen Automarke Volvo. Seit März 2020 ist Volvo im Besitz des chinesischen Herstellers Geely. Mit dem „E“ in der Modellbezeichnung weist Volvo auf die vollelektrischen Baureihen hin. Im Vergleich zum Gesamtangebot haben die Schweden die umfangreichste Vielfalt an E-Modellen. Die Modellpalette von Volvo wird bis 2030 vollständig elektrisch sein.

7 E-Autos: China zeigt uns, wie es richtig geht!

E-Autos sind das Ding der Stunde in der Autowelt. Wer sich von der schlaffen Nachfrage 2024 in Deutschland blenden lässt, muss nur nach China schauen. Dort spielen Benziner und Diesel eine immer kleinere Rolle – was auch die deutschen Autobauer zu spüren kriegen.

China kehrt Verbrennern den Rücken. China war seit Jahrzehnten das gelobte Land der Autobauer, insbesondere für die deutsche Autoindustrie. Diese Zeiten sind zusehends vorbei, denn die chinesischen Kunden wollen immer öfter ein E-Auto – und genau da kriegen sie bessere von einheimischen Marken (Abb. 7.1).

Der Blick auf den chinesischen Markt ist deutlich: Reine Diesel und Benziner kommen dort im ersten Halbjahr 2024 nur noch auf einen Marktanteil von 59 %. 2020 machten sie noch satte 94 % aller Autoverkäufe aus. Auf der anderen Seite werden immer mehr Elektroautos und Hybride verkauft. Um 38 % ist ihr Anteil zwischen Januar und Juli in die Höhe geschnellt, wie aus Daten der Auto-Analysten von Marklines hervorgeht (Quelle: Handelsblatt).

Das schwindende Interesse der chinesischen Kunden am Verbrenner trifft die deutschen Marken hart, besonders VW. Seit 2020 ist der Anteil aller VW-Marken und Joint-Ventures am chinesischen Markt von 19 auf 14 % geschrumpft.

Mercedes lässt ebenfalls Federn. 2024 wurden rund 10 % weniger Neuzulassungen der Stuttgarter in China registriert.

Das Problem ist überall dasselbe: Sie haben kaum Elektromodelle, die mit denen aus China mithalten können. Ob VW oder Mercedes – man kann sich nicht mehr auf Einnahmen von Benzinern und Diesel-Fahrzeugen verlassen.

Verhältnismäßig gut lief es in China lange nur noch für BMW. Insgesamt verbuchten die Münchner in 2024 ein Minus von fünf Prozent. Darin verbirgt sich aber im Gegensatz zur Konkurrenz aus Deutschland ein Plus bei den Elektroautos von rund 20 %.

P. Farbowski, *Gekommen, um zu bleiben!*,
https://doi.org/10.1007/978-3-658-51916-2_7

Abb. 7.1 BYD Paris Motorshow 2023. Nicht nur mit günstigen Elektromodellen mausern sich chinesische Autobauer zu ernsthaften Konkurrenten. © BYD_AT

Allein sind die deutschen Marken damit nicht. Hyundai und Kia, japanische Hersteller von Honda bis Toyota und sogar Tesla – auf ihre Kosten holen die chinesischen Autobauer sich ihre Kunden zurück.

Für Analysten ist das kein Wunder. Sie sehen ganz klar eine Verdrängung des konventionellen Antriebs. Die Chinesen wollen von neuen Technologien begeistert werden – und genau das kriegen sie von deutschen Marken derzeit nicht.

So müsse ein modernes Auto etwa ein Smart Cockpit haben, in das sich das Smartphone und seine vielen Apps mühelos integrieren und spiegeln lassen. Sonst lässt es sich kaum noch verkaufen. Die deutschen Autobauer müssen technologisch schnell aufholen – eine Herausforderung zwar, aber keine unlösbare.

Neu ist das Problem der starken chinesischen Konkurrenz nicht.

7.1 Wie steht die österreichische Politik zur Mobilität

Der ÖAMTC hat anlässlich der Nationalratswahl 2024 die Vorsitzenden der Parlamentsparteien zu den Themen individuelle Mobilität, Verkehrskonzepte, Entlastungen für Autofahrerinnen, Förderungen für die E-Mobilität und Pendlerpauschale befragt. Nehammer, Kogler, Kickl, Babler und die einzige Frau, Beate Meinl-Reisinger beantworteten die Fragen von Oliver Schmerold, Bernhard Wiesinger und Stefan Strzyzowski.

Individuelle Mobilität scheint ein hohes Gut, das in der Zeit des Wirtschaftswunders auch in Österreich ein Zeichen von Unabhängigkeit, von Selbstbestimmtheit war.

Mobilität, neue Gegenden und Menschen kennenzulernen, ist ein Urinstinkt des Menschen. Mit der zunehmenden Erschwinglichkeit der Fahrzeuge wurde gefahren – wann und wohin man wollte. Diese Freiheit hat sich aus der Geschichte in die Gegenwart übertragen.

Neu gedacht wird die individuelle Mobilität bei den ab 2000 Geborenen. Mobilität muss nicht mehr besessen werden, es genügt, wenn Mobilität dann zur Verfügung steht, wenn der Bedarf gegeben ist. Mobilität der urbanen Millennials und ganz besonders der Gen Z besteht aus fast allen Facetten des gegenwärtigen Angebots. Taxi, Uber, Sharing-Dienste vom Scooter bis zum Auto und Ride-Shares werden mit dem öffentlichen Verkehrsangebot verbunden und die Strecken bewältigt. Die Digital-Natives organisieren und bezahlen ihren Mobilitätsbedarf mit Apps, jedenfalls mit digitalen Angeboten.

Unabhängig welcher Couleur, ist die individuelle Mobilität absolut erhaltenswert und wichtig. Eine Sichtweise, die die Jugend so nicht versteht. Individuelle Mobilität ist so normal, dass diese als gegeben, nicht aber als erhaltenswert eingestuft wird. Unterschiede tun sich von den Ballungsgebieten hin zu den ländlichen Regionen auf. Überall wo der ÖPNV die gewünschten Ziele, die Hotspots nicht erreicht, ist besitzgebundene Mobilität ein Thema.

Die Antriebsart der individuellen Mobilität ist je nach Ideologie unterschiedlich, einer Elektrifizierung der Antriebe stehen alle Parteien aber positiv gegenüber. Die konservativen Kräfte Türkis, Blau und Rot sehen in der Technologieoffenheit den Weg in die Zukunft. Was verstehen die etablierten Parteien darunter? Technologieoffenheit bedeutet für sie, den Verbrennungsmotor zu erhalten, ihn weiterzuentwickeln, ihn effizienter zu machen und mit E-Fuels sogar CO_2-neutral betreiben zu können. Allein, das funktioniert nicht! Wie schon bekannt, erzeugt jede Verbrennung = Oxidation CO_2!

Bei Grün und Pink steht man dem E-Antrieb deutlich offener gegenüber. Auch die Verknüpfung von Mobilitätsangeboten ist bei den beiden Parteien beziehungsweise deren Vorsitzenden als Lösung des individuellen Mobilitätsbedarfs wichtig.

Noch spannender wird es bei den Verkehrskonzepten der Zukunft. Hier werden die Unterschiede zwischen konservativen Verwaltern und zukunftsorientierten Gestaltern noch deutlicher. Für die alten Parteien stehen Wahlfreiheit, Technologieoffenheit, Konzepte, die wir schon kennen, im Mittelpunkt. Die jüngeren Parteien, wie NEOS und GRÜNE, sehen multimodale Konzepte in der nahen Zukunft als notwendig an. Individuell ist der Bedarf für Mobilität, die Strecken werden aber nicht mit meinem Fahrzeug von A bis B überwunden. Ein Mix aus Mobilitätsangeboten ist die Lösung. Allen gemeinsam ist aber, dass der Verkehr der Zukunft auf Straßen- und Schienennetzen stattfinden wird. Das sehe ich nicht so. Ubrigens, autonomes Fahren und alternativen zum überlasteten Straßen- und Schienennetz waren im Jahr 2024 in keinem der Konzepte zu finden.

Pendlerpauschale und Entlastungen der Autofahrerinnen waren bei allen Parteien im Wahlkampf 2024 offensichtlich als „Zuckerl“ wichtig. Mit den Entlastungen wollte man auch der Inflation entgegenwirken, was angesichts der Rekordwerte der Vergangenheit plausibel ist, die Zukunft aber nicht wirklich gestaltet.

Die Förderung der E-Mobilität ist den Antworten nach bei den mitte-rechten und mittelinken Konservativen, damit meine ich ÖVP, SPÖ und FPÖ, künftig nicht mehr auf den reinen Elektroantrieb gebunden. Hier kommen Plug-In-Hybride und die neuen Kraftstoffe auch in das Förderscope. Bei den moderneren und umweltorientierten Parteien hat der E-Antrieb mehr Fokus. Allen samt fehlt allerdings auch hier das Denken im Großen, in Zusammenhängen.

Fakt ist, dass der weltweite CO_2-Ausstoß kontinuierlich steigt. Haupttreiber ist dabei die Energiewirtschaft, die auch immer mehr Energie zu Verfügung stellen muss. Im Sektor Verkehr hat sich allerdings wenig getan. Bedenken wir, dass in der Zusammensetzung der CO_2-Belastung der Welt zirka zwei Drittel aus der Industrie und Energieerzeugung herrühren und ein Viertel aus dem Verkehr, so hat der Verkehr nur oder immerhin zu einem Viertel Einfluss auf die Klimaveränderung. Ich gehe NUR in dieser Aussage mit Herbert Kickl konform, dass die Klimaveränderung wahrscheinlich das Komplexeste ist, was es überhaupt gibt „und sie soll jetzt mit einer ganz einfachen Antwort gelöst werden?" (Herbert Kickl, autotouring September 2024, S. 18). Da, aber nur damit, hat er wohl recht. Die Antwort bleibt er schuldig!

Die dramatische Veränderung des Klimas ist bestimmt eines der komplexesten Themen, an dem die Wissenschaft arbeitet. Diese Veränderungen zu negieren oder gar zu leugnen, entbehrt jeglicher Fakten. Welchen Weg wir, damit meine ich die gesamte Menschheit, gehen ist in vielen Bereichen noch offen. In der Mobilität ist die größtmögliche Elektrifizierung, von vielen Instituten mittlerweile bestätigt, ein Muss.

7.2 Autoland Österreich – was braucht es?

Österreich ist ein Autoland, das haben Pioniere wie Siegfried Marcus, Carl Gräf, Ferdinand Porsche, Wolfgang Denzel, Johann Puch, Ferdinand Piech und viele andere mehr bewiesen. Gustav Perl, auch einer jener Pioniere, und Ferdinand Porsche haben sich zu ihrer Zeit, im 19. Jahrhundert, intensiv mit e-mobilen Fahrzeugen befasst, bahnbrechende Entwicklungen gemacht, die auch in namhaften Mengen auf der Straße zu sehen waren. Der Elektroantrieb war damals für zirka 100 Jahre der erfolgreiche Nachfolger von Kutschen und Karren. Trotz Bleisäure-Batterien waren die E-Antriebe den Verbrennern in der Reichweite überlegen. Thomas Alvar Edison war es, der schon 1889 die Nickel-Eisenbatterie erfand und damit die Reichweiten erheblich verbesserte bis zu 1000 Meilen!

Erst zu Beginn der 1900er-Jahre begann der Siegeszug der Verbrennungsmotoren von August Otto und Rudolf Diesel. Damals mussten Autofahrer den Treibstoff in Apotheken kaufen, die Abgabemengen waren gering, der Preis hoch. Strom war besser und sogar billiger verfügbar.

Felix Wankel, kein Österreicher, verdient mit seinem Rotationskolben-Motor erwähnt zu werden. Er brauchte weitere knappe 30 Jahre für sein Patent. Eine erfolgreiche Marktdurchdringung war ihm allerdings nicht vergönnt. Mazda war einer der wenigen Autohersteller, die das Konzept für eine Weile flächendeckend eingesetzt hatten.

Die Kfz-Wirtschaft in Österreich ist ein bedeutender Industriezweig:

- 13.400 Unternehmen in Österreich beschäftigen 772.000 Mitarbeiter in der KFZ-Branche.
- Mit 44 Mrd. Euro im Jahr 2021 erzielte die Branche einen durchschnittlichen Umsatz. Den größten Anteil gemessen an den Verkaufserlösen tragen die 4200 Neu- und Gebrauchtwagenhändler mit 28,5 Mrd. Euro.
- Neben Autos werden in Österreich auch Fahrräder, Motorräder, Nutzfahrzeuge, Schienenfahrzeuge sowie Luft- und Raumfahrzeuge hergestellt. Insgesamt wurden im Jahr 2022 etwa 107.500 Personenkraftwagen produziert. Die Produktion von land- und forstwirtschaftlichen Maschinen sowie von Schienenfahrzeugen lag ebenfalls auf einem hohen Niveau.
- Im Jahr 2021 waren etwa 254 Unternehmen in der Herstellung von Kraftwagen und KFZ-Teilen tätig, und insgesamt waren 374 Unternehmen im Fahrzeugbau in Österreich angesiedelt.

Die Kfz-Branche ist also ein wichtiger Wirtschaftszweig in Österreich, der sowohl in der Produktion als auch im Handel eine bedeutende Rolle spielt.

Die PKW-Produktion bei Magna Steyr in Graz ist knapp 110.000 Fahrzeuge groß. 2024 wurden als Lohnfertiger die Fahrzeuge der Marken Mercedes-Benz G-Klasse, BMW 5-er-Serie und der Z4, für Jaguar der vollelektrische i-Pace und der kleinere Verbrenner e-Pace gebaut. Auch für die japanische Automarke Toyota wurden der GR Supra und für den US-amerikanischen Hersteller Fisker der vollelektrische Ocean zusammengeschraubt! In Summe beschäftigt Magna in Graz 12.000 Mitarbeiter und ist damit einer der großen Arbeitgeber in der Steiermark.

Die oben erwähnten 772.000 Beschäftigten basieren auf einer Erhebung von 2021. Mitgerechnet sind dabei auch die Arbeitnehmer in der Produktion von Nutzfahrzeugen. Gebaut werden LKWs, Busse, Sonder-LKWs wie Muldenkipper, Raupenbaufahrzeuge, und dergleichen sowie Schienenfahrzeuge. Dazu kommen noch die Beschäftigten im KFZ-Groß- und Einzelhandel, den Werkstätten und den KFZ-Zulieferbetrieben von Reibbelegen über Kunststoffteile bis hin zu Software.

Also ja, Österreich ist ein Autoland. War es und ist es, obwohl es seit Mitte des 20. Jahrhunderts nie mehr eine österreichische Automarke gab. Heute ist Österreich, besser sind österreichische Firmen, als Zulieferer der Autohersteller weltweit erfolgreich und als innovative, verlässliche Partner begehrt.

In der E-Mobilität spielt ein junges Startup aus Salzburg mit. ALVERI hat neben einem der ersten autonomen Laderoboter das Concept Car „FALCO" entwickelt. ALVERI ist eigentlich ein Software-Start-Up mit zwölf Programmierern. Die E-Mobilität und die damit verbundenen Chancen haben es den Gründern des Unternehmens angetan und die Brüder Zadmard haben die Chancen der Mobilitätswende erkannt.

Ehsan Zadmard stand mir als Interviewpartner zur Verfügung. ALVERI ist fest entschlossen, den FALCO nicht nur als Studie und Forschungsprojekt zu bauen. Bevor jedoch weiter in die Entwicklung des Autos investiert wird, wird Infrastruktur geschaffen. Nach der Auffassung von Ehsan Zadmard ist die flächendeckend verfügbare Ladeinfrastruktur der Schlüssel, E-Mobilität täglich nutzen zu können. Ohne gut ausgebaute Infrastruktur ist es für Mobilitätsnutzer kaum möglich, die täglichen Strecken nachhaltig zu bewältigen.

Wir erinnern uns: 85 % aller täglich zurück gelegten Fahrten sind maximal 30 km weit, fast 95 % unter 100 km. Warum also die Investition in Ladeinfrastruktur?

„Wir haben unsere Strategie 2023 wieder angepasst und sind davon überzeugt, dass der Schlüssel zur flächendeckenden E-Mobilität die Ladeinfrastruktur in der Nahversorgung ist.", lässt mich Ehsan Zadmard in seine Visionen hineinschauen.

Nach den Einschätzungen von ALVERI sind aktuell nur 15 % des Bedarfs an Ladeinfrastruktur in Österreich ausgebaut. Die 15 % beziehen sich auf die Drehung des gesamten österreichischen Fahrzeugbestandes mit 5,3 Mio. Fahrzeugen auf E-Antrieb. Knapp 200.000 Autos im Bestand sind 2024 schon Vollelektrisch. ALVERI steht auch dafür, dass Laden für alle Nutzer im DACH-Raum erschwinglich sein muss.

Neben günstigem Strom bedeutet das auch niederschwellige Bezahlmöglichkeiten mit herkömmlichen Bankkarten oder Direct-Payment.

Erst im zweiten Schritt investiert ALVERI dann wieder in die Entwicklung und Serienfertigung des FALCO.

Der Ausbau der Ladeinfrastruktur erfolgt in enger Abstimmung mit den Gemeinden, wo die Ladeparks entstehen. Die Städte und Gemeinden stellen Flächen zur Verfügung, die Ladepunkte werden dann mit dem lokalen Bedarf abgestimmt. Der Großteil der Ladepunkte sind elf bis 22 Kilowatt pro Stunde, etwa zehn Prozent der Anschlüsse werden mit Gleichstrom-Schnellladern bis 100 Kilowatt Leistung pro Stunde ausgebaut.

Geografisch ist der Schwerpunkt jetzt Oberösterreich, das Ziel ist der Ausbau von Ladeinfrastruktur als Betreiber in der gesamten DACH-Region. Betrieben werden die Ladeparks mit der Software aus dem eigenen Haus. Roaming mit anderen Anbietern und Betreibern ist selbstverständlich. In der Preisgestaltung und der Bedienung wird besonderer Wert auf Transparenz gelegt.

Transparenz ist das, was wir heute am meisten vermissen. Was ein Liter Sprit kostet, ist deutlich bei den Tankstellen ausgelobt. Was eine Kilowattstunde Strom kostet, ist an den Ladesäulen kaum zu finden. Dazu rechnen die Anbieter sehr unterschiedlich ab. Bei der Verrechnung nach Minuten werden nicht nur die reinen Lademinuten in den Multiplikator gezählt, nein, die gesamte angesteckte Zeit wird gezählt. In den Ballungsräumen kommen dann auch noch gerne Parkgebühren zur Ladeleistung dazu. Aktuell ist das Angebot an Strom, um auf der Strecke zu „tanken", sehr unübersichtlich. Die Politik hat darauf mit Richtlinien reagiert, die zukünftig anzuwenden sind. Dort ist die Abrechnung nach geladenen Kilowattstunden ebenso geregelt wie die verpflichtende Preisauszeichnung, die geeichte Zählung und barrierefreie Bezahlmöglichkeit.

ALVERI tritt beim Ausbau der Ladeinfrastruktur als Betreiber und Engineering-Partner auf. Errichtet werden die Ladeparks mit Partnerbetrieben und deren Personal. Dezentrale Stromproduktion, in Form von Car-Ports mit PV-Anlagen, ist aktuell wegen des niedrigen Strompreises nicht angedacht. „Wir wollen die Einstiegsschwelle für private Nutzer so niedrig wie möglich machen. Auch der FALCO soll leistbar sein", in einem All-In-Abo-Angebot kann sich das Zadmard künftig vorstellen.

Als künftiger Autohersteller möchte ALVERI jedenfalls ihren Footprint hinterlassen und an automobile Benchmarks wie den Haflinger, den Pinzgauer und den PUCH G als Marke anschließen. Große Schuhe, die die Vorbilder aus der österreichischen Automobilgeschichte da hinterlassen haben.

Basis für den FALCO wird eine günstig verfügbare Plattform sein, aktuell Tesla, eventuell VW oder Ford Explorer. Es wird eine Plattform samt Fahrwerk und Aggregaten zugekauft werden, Karosserie und Interieur werden von ALVERI konzipiert und dann in Österreich zusammengebaut.

Technologieoffenheit für die künftig einzusetzende Batterie ist auch hier das Gebot. „Die Entwicklung schreitet stetig voran, was dann zum Zeitpunkt der Umsetzung des FALCO State of the Art ist, werden wir sehen, evaluieren und die beste Lösung einsetzen.", so Ehsan Zadmard. Auch die OnBoard-Ladetechnologie, ob 400 V oder 800 V plus, ist noch offen. Die Tendenz geht aber stark Richtung 800 V, weil die Autos einfach schneller laden.

Der FALCO wird auch klassisch mit Steckdose „betankt" werden. Auch nach Ansicht von ALVERI, die immerhin den ersten funktionierenden autonomen Lade-Roboter entwickelt und gebaut haben, treten beim induktiven Laden zu viele Verluste bei der Übertragung in die Batterie auf. Dazu kommen auch noch die Themen der Sicherheit, die aufwendige Errichtung und die vielfältigen Umwelteinflüsse. Dem hochautomatisierten konduktiven Laden werden bessere Chancen in der Marktdurchdringung eingeräumt. Jedoch fehlt es derzeit an definierten Standards und der unkomplizierten Nachrüstbarkeit in den Fahrzeugen, ohne dass Garantieansprüche verloren gehen.

BMW baut seit 1979 zirka eine Million Motoren jedes Jahr in Steyr. 2016 war das absolute Highlight mit einem Output von 1.261.499 Aggregaten. Die Antriebswende hat auch das Motorenwerk herausgefordert und die Umstellung auf E-Antriebe für die BMW-Modelle notwendig gemacht. Damit ist das Motorenwerk in Steyr weiterhin das wichtigste Werk im BMW-Universum.

Im September 2024 startete BMW mit der Vorserienproduktion der neuen Generation an E-Motoren für die Fahrzeugpalette der BMW Group. Mit großem Aufwand wurde das Motoren Werk in Steyr adaptiert und auf die elektromobile Zukunft ausgerichtet.

7.3 Batterieherstellung

In Zusammenhang mit der Herstellung von Energiespeichern, im allgemeinen Sprachgebrauch Batterien, gibt es viel Unklarheit, Halbwahrheiten, Fake-News, Gerüchte. Damit verbunden sind sofort die Fragen nach dem CO_2 Fußabdruck eines Speichers, den verbrauchten Ressourcen, der Lebensdauer eines Speichers.

- Können Batterien überhaupt recycelt werden?
- Wenn ja, wie und was bleibt über und was haben wir davon?

- Können Batterien und Speicher überhaupt refurbished, also wieder aufbereitet werden?
- Gibt es für Speicher ein zweites Leben?

Erst mal der Reihe nach: Nach der Bauart werden Primärzellen, das sind die bekannten Einwegbatterien, zum Beispiel für Taschenlampen, Spielzeuge und so weiter, und Sekundärzellen, also wiederaufladbare Akkumulatoren, unterschieden. Technisch gesehen bestehen Batterien und Speicher aus einer Anode, bei der Batterie der Minuspol, einer Kathode, dementsprechend der Pluspol und einem Elektrolyten, der einen Separator braucht, damit die geladenen Teilchen nicht gleich wieder „abhauen“. Die Anode ist der Ort, wo bei der Leistungsabgabe, damit bei der Entladung, die elektrochemische Reaktion stattfindet. Beim „Betanken“, dem Ladevorgang, findet diese Reaktion an der Kathode statt. Der Rest ist ein elektrochemisches Feuerwerk. (Abb. 7.2)

Bestimmende Faktoren im Aufbau von elektrochemischen Speichern sind die Größe von Kathode und Anode, die Anzahl der Zellen, die verwendeten Elektrolyte und Separatoren, die Aufbau-Art und die Materialien. Ziel einer Antriebsbatterie für E-Fahrzeuge ist eine möglichst hohe Energiedichte bei minimalem Gewicht und minimaler Baugröße. Keine leichte Designaufgabe.

Das Austrian Institut of Technology (AIT) und viele andere Forschungsinstitute widmen sich der Weiterentwicklung von Batterien und Speichern. Der Fokus dabei liegt auf neuen Werkstoffen für Anode und Kathode, der Werkstoff Kupfer (Anode) und Graphit (Kathode) sollen ersetzt werden. Ebenso wird an neuen Materialien für den Separator und den Elektrolyten fieberhaft geforscht. Ziel ist es eben, hohe Leistungsdichte (= Energiedichte) bei möglichst geringem Gewicht.

Wissenschaftlern in den Niederlanden ist hier ein großer Schritt gelungen, der die Bauart von Batterien nachhaltig verändern wird. Mit der SALD-Technology, Spital Atom

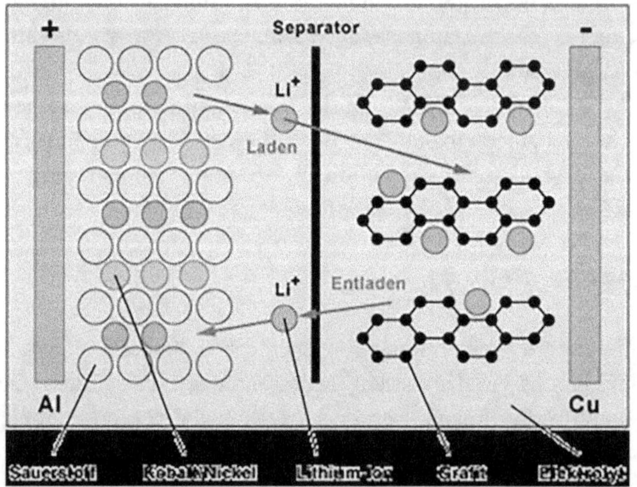

Abb. 7.2 Technisches Schema einer Batterie

Layer Deposition, können mit ganz dünnen Schichten der elementaren Komponenten, wir reden hier von Schichtstärken im Bereich von Nanometer, eine unglaublich dünne Schicht. Nano wir in der Literatur auch mit 10^{-9} dokumentiert, also neun Nullen nach dem Komma vor der ersten Zahl. Noch anschaulicher wird diese geringe Schichtdicke beim Vergleich mit dem menschlichen Haar, das 0,05–0,08 Millimeter dick ist. Das sind 50.000 bis 80.000 Nanometer. Nach dem in SALD-Batterien unter 10 nm dünne Schichten aufgedampft werden, ist es klar, dass diese neue Technologie deutlich leichtere und kompaktere Bauweisen ermöglicht.

Der aktuelle Stand der Technik sind die Metall-Ionen-Batterien und da hat sich Lithium als besonders gutgeeignetes Material hervorgetan. Es gibt aber auch andere Metalle, die für leistungsfähige Speicher bestens geeignet sind. Lithium hat einen Anteil von 0,006 % in der Erdkruste, also wirklich selten, kommt aber häufiger vor als Blei oder Zinn. Chemisch gesehen ist Lithium ein hochreaktives Metallelement. Eines der größten Vorkommen von Lithium in Europa haben wir in Österreich, im Drautal. Seit den späten 1990er-Jahren ist dieses Vorkommen bekannt. Mit der steigenden Nutzung von Handys, tragbaren Computern, Fotokameras, Werkzeugen, Staubsaugern, Rasierern, ... und von der Menge weit abgeschlagen, auch für E-Autos, steigt der Bedarf an Lithium-Ionen-Akkus.

7.4 Woher kommt das Lithium?

Bevor wir auf die geographischen Verfügbarkeiten eingehen, muss gesagt werden, dass Lithium in der Natur nicht als reines Metall vorkommt. Entweder kann Lithium aus Erden oder aus Gestein gewonnen werden. Lithium hat einen sehr geringen Anteil an der Erdkruste und ist damit etwas seltener als Zink, kommt aber häufiger vor als Kobalt, Zinn und Blei. Das Lithium ist jedoch breiter über den Erdball verteilt und ist deshalb schwieriger zu gewinnen. Jedenfalls ist die Gewinnung immer mit erheblichem Aufwand für Energie und Logistik verbunden.

Süd- und Nordamerika sind mit dem Großteil der weltweiten Lithium Vorkommen gesegnet. Von den weltweit, nach heutigem Wissensstand, mehr als 102 Mio. Tonnen des begehrten Metalls kommen knapp 51 % aus den südamerikanischen Ländern Chile, Bolivien, Argentinien, Brasilen und Mexiko. Wirtschaftlich sinnvoll förderbar sind aktuell 38,6-Millionen- Tonnen, davon mehr als 60 % aus Südamerika.

Das messbar größte Vorkommen ist in den USA geortet worden, allerdings liegt der wirtschaftlich sinnvoll schürfbare Anteil, bei nur einer Million Tonnen aus einem Gesamtvorkommen von 26,8 Mio. Tonnen. China spielt mit einem Anteil von unter fünf Prozent, das sind gesamt 5,1 Mio. Tonnen, von denen zwei Millionen Tonnen geschürft werden können, eine kleinere Rolle als die Demokratische Republik Kongo mit 7,7 %. Australien hat einen vergleichsweisen hohen Anteil mit mehr als 16 %. Die großen Staaten USA und Russland liegen mit knapp drei Prozent gleichauf. Das sind zwar jeweils eine Million Tonnen, aber nur ein ganz geringer Teil, USA 2,6 %, Russland 2,6 %, der wirtschaftlich sinnvoll förderbar ist.

Österreich hat eines der größten europäischen Lithium-Vorkommen, das sehr konzentriert an einem Schürfplatz abgebaut werden kann.

Ein wesentlicher Kostenfaktor bei der Gewinnung von Lithium ist der wirtschaftlich sinnvoll schürfbare Anteil. Dieser schwankt zwischen 100 und vier Prozent. Auch hier zeichnen sich die südamerikanischen Staaten aus.

Die afrikanischen Vorkommen sind hauptsächlich Salare. Das sind Salzlaken, aus denen das Lithium herausraffiniert werden muss. Diese Methode ist sehr energieintensiv, macht aber auch den größten Teil des Vorkommens schürfbar.

Ohne weitere Aufbereitung mit Einsatz von Energie und Wasser ist Lithium also nicht zu gewinnen. Wasser, das der Bevölkerung und der Landwirtschaft fehlt. Es wird fieberhaft an Alternativen zum Einsatz von Lithium geforscht. Ebenso fieberhaft wird an den Recycling-Methoden zur Wiederaufbereitung von Altbatterien geforscht, im Besonderen daran, das darin enthaltene Lithium herauszulösen.

Neben den weltweiten Reserven an Lithium, übrigens ist es das zweitleichteste Element und leichteste Metall das es überhaupt gibt, wird am Ersatz beziehungsweise an der Rückgewinnung des Lithiums intensiv geforscht. Das einzig Stete ist der Wandel.

Die Geschichte hat es immer wieder bewiesen. Über den Kurznachrichtendienst SMS ist 1992, genau am 3. Dezember 1992, die Nachricht „Merry Christmas" zum ersten Mal verschickt worden. Damals eine Revolution und ein echter Gamechanger. Der Siegeszug war nicht aufzuhalten. Heute, also 2026, wird statistisch nur noch eine SMS pro Woche versandt, im Gegensatz dazu drei Chatnachrichten pro Tag. Es ist also zu erwarten, dass sich in allen Wirtschaftsbereichen viel, sehr viel verändern wird. Je digitaler, umso schneller!

Man darf also gespannt sein, was uns da die Zukunft bei den Energiespeichern bringen wird.

7.5 Wer hat technologisch die Nase vorne?

Die Fahrzeughersteller aus China sind schon einen Schritt weiter und haben BLADE-Batterien zur Marktreife skaliert. Dabei verwenden sie Lithium und Eisenphosphat als Grundwerkstoffe, die in Schichten zusammengebaut werden. Ähnlich wie bei der SALD-Technologie wird bei der BLADE-Technologie mit sehr geringen Schichtdicken gebaut. Im Vergleich zu den SALD- sind bei den BLADE-Batterien die Beschichtungen aber elfmal so dick und das bedeutet Gewicht. Die BLADE-Batterien sind aber den „klassischen" Lithium-Ionen-Batterien an Leistungsdichte und an Thermobeständigkeit überlegen und erreichen damit höhere Reichweiten. Wird der zentrale Energieverbraucher „Antriebsmotor" noch mehr auf Diät gesetzt, werden die Reichweiten auf die gewünschten 500 km für fast alle E-Autos steigen.

Bisher liegt in der Nutzung noch keine eindeutige Evidenz vor, dass BLADE-Batterien Vorteile beim Laden haben. Was sie auszeichnet, sind die deutlich höhere Anzahl von Vollladezyklen, nämlich ca. 5000 statt ca. 3000 bei Wickeltechnologie. Das erhöht die

Nutzungsdauer. BLADE-Zellen haben dazu noch den großen Vorteil, dass sie für die Rückgewinnung der Elemente besser gebaut sind als die gewickelten Zellen der herkömmlichen Akkus.

7.6 Ressourcen – und was wir damit machen

Ressourcen sind limitiert verfügbare Mittel wie zum Beispiel Gold, Energie, Rohstoffe und so weiter. Die Ressourcen sind jedenfalls ein Thema, das sehr eng mit der Produktion von Fahrzeugen, egal welcher Antriebsart, verbunden ist. Buntmetalle und seltene Erden werden viel und oft verbraucht. 60 % der seltenen Erden nach dem Gewicht bemessen, werden aus und in China verarbeitet, 70 % sind es, in Geldwerten ausgedrückt.

Jeder industrielle Produktionsprozess erzeugt CO_2, viel CO_2! Weil Industrieprozesse viel Energie und Wasser verbrauchen, was dramatische Auswirkungen auf das Klima hat. Die Produktion der Speichermedien von Strom macht dabei keine Ausnahme, ist aber weder besser in Sachen CO_2 noch schlechter. Klar ist, dass der CO_2-Footprint im Sektor Industrie verkleinert werden muss. Dazu müssen Fertigungsprozesse kreativ neu organisiert werden, entrümpelt werden, neu gedacht werden. Die laufenden Anstrengungen, limitiert verfügbare Materialien für die Herstellung von Energiespeichern zeitnah zu ersetzen, brauchen Geschwindigkeit, Kreativität und neues technisches Knowhow.

Die Standzeiten der Antriebsbatterien von E-Fahrzeugen sind deutlich höher als ursprünglich von den Herstellern angenommen. Die ersten Hersteller erweitern schon die Garantielaufzeiten von acht auf zehn, einzelne sogar auf zwölf Jahre. Ich selbst bin in knapp eineinhalb Jahren mehr als 95.000 km in einem HYUNDAI IONIQ 5 gefahren. Ohne Komfortverlust und ohne, dass die Kapazität der Antriebsbatterie nachgelassen hätte. Um diese Fahrleistung erreichen zu können, musste ich mehrmals die Woche schnellladen. Nichtsdestotrotz hat die Batterie keine Kapazitätseinbußen gezeigt. Eine Feststellung hatte mich in den fast 100.000 Kilometern allerdings überrascht: nämlich, dass der Scheibenwischer zirka zehn Kilometer Reichweite auf 100 km Fahrstrecke abknabberte. Im Intervallbetrieb sogar zwölfeinhalb! Ein Zeichen dafür, dass für den Scheibenwischer ein sehr billiger E-Motor mit hohem Energieverbrauch verbaut wurde.

Das Thema Ressourcen ist deutlich weniger erschöpflich als die Materialien selbst. Dennoch möchte ich mich nicht zu lange in diesem Themenkomplex aufhalten. Hier haben Wissenschaftler, Forscher und Visionäre schon ihre Erkenntnisse in hervorragenden Publikationen veröffentlicht. Wesentlich ist, dass möglichst viele Anstrengungen von schlauen Köpfen unternommen werden, den Verbrauch von Ressourcen zu reduzieren, Rohstoffe zu ersetzen und vor allem, den dennoch notwendigen Abbau unter menschenwürdigen Bedingungen und umweltschonend zu organisieren.

Jede Anstrengung, das Laden und die Leistungsabgabe noch effizienter zu machen, ist für die Reichweite und für die Ressourcenschonung wichtig. Kohorten von Ingenieuren haben sich dieser Forschung verschrieben. So wird der Effizienz von Speichern und Antriebsbatterien in den kommenden Jahrzehnten viel Zeit und Aufmerksamkeit zur

Weiterentwicklung gewidmet werden. Alle Autohersteller bestätigen dies. Der Vollständigkeit halber, möchte ich erwähnen, dass auch die Entwicklung der Verbrennungsmotoren noch immer nicht abgeschlossen ist!

Damit der Verbrauch von Ressourcen minimiert werden kann, braucht es Recycling, also Kreislaufwirtschaft. Aber was kann aus Batterien und Akkus gewonnen werden?

Lithium ist bei fast allen Diskussionen, die ich bisher erlebt habe, eines der zentralen Themen und auch in der Praxis eine der wichtigsten Zutaten beim gegenwärtigen Stand der Technik. Die gute Nachricht, auch Lithium-Ionen-Batterien können recycliert, der Kreislaufwirtschaft zugeführt werden. Aus zehn alten Batterien kommen Rohstoffe für mindestens neun neue Batterien heraus. 95 % ist die von den Aufbereitungsbetrieben angegebene Recycling-Quote!

Ö1 widmete sich im Juni 2024 dem Thema Recycling von Batterien im Beitrag „Schreddern statt Verbrennen" im Magazin Matrix. Im Jahr 2030 sollen in der Europäischen Union mehr als zehnmal so viele Elektrofahrzeuge unterwegs sein wie heute. Die Verkehrswende hängt auch von den benötigten Akkus ab, geringe Reichweite ist kaum mehr ein Problem. Weitaus heikler ist das ineffiziente Recycling von E-Autobatterien, das wertvolle Rohstoffe vernichtet. Auch neue Rohstoffe, die Lithium ersetzen, sollen Batterien umweltfreundlicher machen. Das Austrian Institute of Technology (AIT) arbeitet an Lösungen für diese Probleme, die auch die europäische Batterieproduktion stärken sollen.

Markus Jahn vom AIT stellt im Interview fest, das Recycling der E-Auto-Batterien ist noch nicht so weit, wie es technisch schon sein könnte. Die Frage ist, wie kommen die Batterien zum Recycler und wie kann dieser Prozess noch besser, noch effizienter gestaltet werden. Die unterschiedlichen Batterien in einen Recyclingkreislauf zu stecken, ist wegen der verwendeten Materialien problematisch. Bis heute werden die Batterien thermisch verwertet. Dabei werden werthaltige Metalle wie Cobalt, Kupfer, Nickel wieder herausgeholt. Durch das Verbrennen gehen Werkstoffe wie Graphit, Aluminium, Kunststoffe und so weiter verloren, ist aber heute die wirtschaftlichste Methode der Aufbereitung.

Idealerweise geht in Zukunft das Recycling über das Zerlegen der Batterien und das Schreddern der einzelnen Zellen. So kommt man an die Metalle und Reststoffe deutlich besser heran. Durch das Schreddern werden dann über Flüssigkeitsaufbereitung, über Bäder, die Stoffe getrennt und können so in reiner Form wiederaufbereitet werden, wobei ein Reinheitsgrad von 99 % bis 99,5 % garantiert wird. Wegen der langen Garantiezeiten auf die Antriebsbatterien wird es dauern, bis für einen Verwertungsbetrieb ausreichend aufbereitbare Batterien zugeliefert werden können, um die Anlagen sinnvoll zu nutzen. Mindestens acht Jahre wird der Vorlauf sein, den es braucht, um an verwertbare Altbatterien aus E-Autos zu kommen.

Neben der Verwertung von Antriebsbatterien im Recycling, gibt es die Wiederaufbereitung, das Refurbishing und den Einsatz im 2nd-Life. 2nd-Life bedeutet, dass der „verbrauchten Antriebsbatterie" eines E-Autos ein zweites Leben als Heimspeicher eingehaucht wird. Antriebsbatterien werden beim Erreichen des Schwellenwertes von 75 %

der Nennkapazität aus den Fahrzeugen genommen. Nachdem die Speicher aber immer noch ausreichend Kapazität zur Abdeckung des nächtlichen Strombedarfes haben, wird daran gearbeitet, im zweiten Leben den Einsatz als Heimspeicher zu kommerzialisieren.

Schließt man mehrere dieser alten Antriebsbatterien zusammen, können auch Stromverbrauchsspitzen in der Industrie, ja sogar für ganze Städte abgedeckt werden. BMW hat die Entwicklungsunikate gesammelt und in einem eigenen Gebäude im Werk Dingolfing zusammengeschlossen, um diese Bedarfsspitzen aus den Speichern zu decken. Die Speicher werden dann aus der Sonnenenergie durch Photovoltaik geladen.

Renault hat Projekte am Laufen, die ganze Inseln mit Strom aus den „alten" Antriebsbatterien versorgen. Aus der Photovoltaik und Windkraftanlagen wird der produzierte Strom gespeichert, sogar ausreichend Strom für das Beladen von Fahrzeugen. Die Versorgung mit Strom der Inseln Porto Sante, Portugal und Belle-ill-en-Mer, Frankreich, erfolgt so nachhaltig nach diesem Konzept. Die jüngsten Projekte von Renault sind „Speicher Kraftwerke" (Speicheranlagen) in Frankreich und im Vereinigten Königreich mit Smart Hubs. Die jüngsten Projekte der Smart Hubs werden die Schwankungen zwischen Stromverbrauch und Stromproduktion und dem zunehmenden Mix aus Energie aus nachhaltigen Quellen ausgleichen.

7.7 Was sind „Refurbished"-Batterien?

Die Powerpacks, die als Antriebsbatterien in modernen E-Autos verwendet werden, bestehen aus über 190 einzelnen Zellen. Die Zellen sind beim Hyundai Ioniq 5 zu einer Gesamtkapazität von 84 Kilowattstunden zusammengeschalten. Genau sind es 36 Module mit je sechs Zellen und damit gesamt 192 Zellen (Abb. 7.3).

Jede dieser Zellen ist in einer Aluminium-Wanne in einem hermetischen Klima gelagert, um sowohl beim Laden als auch bei der Leistungsabgabe möglichst nahe den optimalen Bedingungen der elektrochemischen Reaktion zu sein. Also ein komplexer Baukasten aus hochwertigen Materialien, Chemie, Kabeln und Steuergeräten (Abb. 7.4).

Die Verkabelung an Bord der meisten E-Autos ist auf eine Bordspannung beim Laden von 400 V ausgelegt. 400 V klingt nach viel. „State of the Art" sind aber aktuell 800 V und mehr! Der große Vorteil der 800-Volt-Technologie ist, dass bei gleichen Querschnitten wie bei 400 V fast der doppelte Strom fließen kann, und damit werden die Ladezeiten drastisch reduziert! Nicht ganz auf die Hälfte, das verhindert der elektrochemische Prozess. Dazu aber später.

Heute sind überwiegend Fahrzeuge mit 400-Volt-on-Board-Technologie am Markt. Die fünfzehn „800-Voltler" sind die Ioniq-Modelle von Hyundai der Ioniq-Serie, drei Modelle von KIA, die chinesischen Modelle von Genesis, der Lucid Air, elegend EL1, der Audi e-tron GT, drei Modelle von Porsche, die e-Modelle von Lotus und der Rimac Nevara. Sie

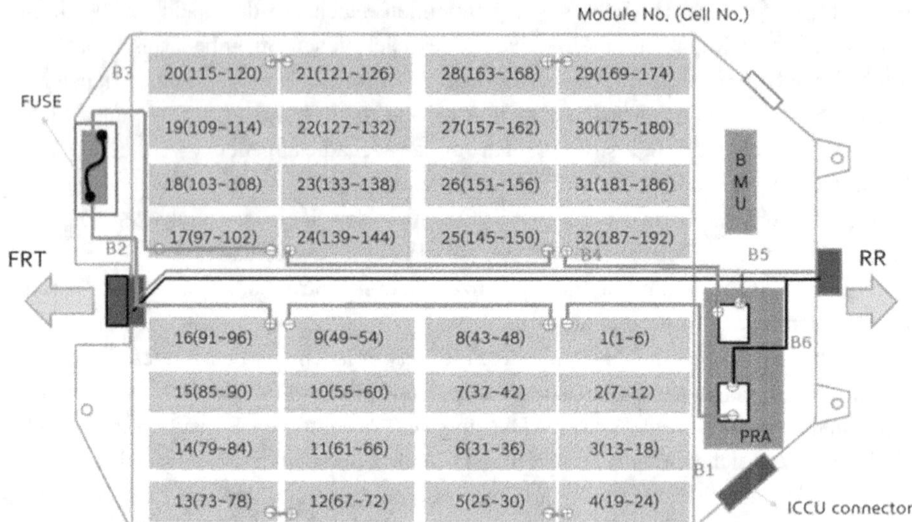

Abb. 7.3 Technisches Schema einer Antriebsbatterie. © Hyundai Österreich

Abb. 7.4 Anordnung der einzelnen Powerpacks einer Antriebsbatterie. © Peter Farbowski

alle genießen den Vorteil der deutlich verkürzten Ladezeiten. Das ist ein riesiger Schritt in Richtung Alltagstauglichkeit.

Übersicht
Mit dem IONIQ 5 habe ich diesen Vorteil erlebt. Ein üblicher „Tank-Stopp", also auf der Strecke Schnellladen, dauerte bei einer IONITY-Ladesäule, diese liefern bis zu 300 kW – leider nur theoretisch –, zirka 20 min. Das umfasste einen Gang zur Toilette, das Einlösen des 50 Cent-Bons für einen Cappuccino, zurück zum Auto, abstecken und Losfahren. In den 20 min wurde die Kapazität für eine Reichweite von mindestens 250 Kilometern, meist 300 km „getankt". Das entspricht plus-minus einem ganz normalen Tankstopp, inklusive Toilette.

Die empirische Beobachtung, dass die Kapazitäten von Antriebsbatterien besser werden können, war nach 65.000 Kilometern Fahrt eine große Überraschung für mich. Fachleute schauen bis heute ungläubig, wenn ich ihnen das erzähle. Jedenfalls ist die WLTP-Normreichweite von 404 km auf echte knappe 440 km geklettert. Was ich gemacht habe? Gefahren und häufig, sehr häufig Schnellgeladen. Sonst wären sich die mehr als 95.000 km in weniger als eineinhalb Jahren nicht ausgegangen.

Angemerkt sei hier, dass dies eine persönliche Beobachtung und weder technisch noch wissenschaftlich testiert ist.

Die Effekte der Rechtsunsicherheit in der Europäischen Union wirken sich auch in den Vorzeigeländern der E-Mobilität gravierend aus. Der

Batteriehersteller Northvolt musste in der Zwischenzeit schließen und hat die gesamte Belegschaft, viel Personal mit spezialisiertem Fachwissen, kündigen müssen.

Die Schweden galten als europäische Akku-Hoffnung. Weil durch die erratische Politik der europäischen Länder die E-Mobilität stockt, musste das hoch subventionierte Projekt Northvolt, mit dem Plan einer großen Fabrik in Deutschland, leider schließen. Viel Know-how, Fördermittel und Kompetenz, die so der europäischen Autoindustrie verloren gingen. Europa hängt weiter an den asiatischen Lieferketten.

Es ist an der Zeit, aus Erfahrungen zu lernen!

Northvolt galt als einer der wichtigsten Hoffnungsträger, wenn es darum geht, Europas Autoindustrie unabhängiger von Batterielieferanten aus Asien zu machen. Neben den politischen Wirren gab es auch Qualitätsprobleme. Zudem kam der Hochlauf der Akkuproduktion schleppender voran als ursprünglich geplant. Das hat dem ambitionierten Projekt den Garaus gemacht.

Noch im Frühjahr 2024 feierte das Unternehmen zusammen mit der deutschen Bundesregierung den Baubeginn einer Batteriezellenfabrik im norddeutschen Heide. Die Bundesregierung und das Land Schleswig-Holstein subventionierten das Projekt über einen EU-Mechanismus mit insgesamt 900 Mio. Euro. Insgesamt lagen die Kosten des Batteriezellenwerks bei 4,5 Mrd. Euro.

Mitte Juni 2024 wurde bekannt, dass BMW einen Zwei-Milliarden-Euro-Auftrag bei dem Akku-Start-up stornierte. Hinter vorgehaltener Hand war zu hören, dass die Bayern mit der hohen Ausschussquote der Schweden unzufrieden gewesen seien. Man plane künftig, sich auf die Entwicklung von Batteriezellen der nächsten Generation zu konzentrieren, hieß es damals.

Neben BMW galten auch die Volkswagen-Töchter Scania, Audi und Porsche sowie der Premiumautobauer Volvo als wichtige Abnehmer der Northvolt-Akkus. BMW und der VW-Konzern waren auch direkt in das Unternehmen investiert. Die Wolfsburger zählten zusammen mit der US-Investmentbank Goldman Sachs zu den wichtigsten Kapitalgebern der Schweden.

Die Herstellung von Batteriezellen gilt in der Autoindustrie als einer der kapitalintensivsten Wertschöpfungsbereiche in der Elektromobilität. Der Neubau einer Gigafactory verschlingt in der Regel mehrere Milliarden Euro. Anfang des Jahres hatte sich der schwedische Batteriehersteller einen Kredit in Höhe von fünf Milliarden US-Dollar gesichert, das größte jemals in Europa aufgenommene grüne Darlehen. Das Geld ist nach damaligen Angaben maßgeblich für den Ausbau der ersten Northvolt-Fabrik in Skelleftea vorgesehen, wo auch eine Recyclinganlage gebaut werden sollte.

Insgesamt hat Northvolt seit seiner Gründung 2016 rund 15 Mrd. Dollar Fremd- und Risikokapital eingesammelt, was es zu einem der kapitalstärksten Start-ups in Europa macht.

Northvolt hatte schon zu Beginn des Sommers 2025 einen Strategieschwenk angekündigt und betont, dass man die Produktion in Skelleftea auf ein stabiles Produktionsniveau bringen wolle. Es gehe darum, Betriebskosten zu rationalisieren und Produktionsabläufe zu optimieren.

Viele Versuche, Northvolt noch auf Schiene zu bringen, sind gescheitert. Fachexperten wurden für die erfolgskritische Zellproduktion samt Forschung und Entwicklung geholt. Der Erfolg blieb aber leider aus.

2025 kam dann das aus für Northvolt. Schade, vor allem schade, dass sich keine Investoren gefunden haben, das hohe Investment samt der eingebrachten EU-Förderungen weiterzuführen und damit den Wirtschaftsstandort Europa zu stärken. Ob das schlau war?

Auch wenn die Rahmenbedingungen weiterhin herausfordernd bleiben, bleibt der globale Trend zur Elektrifizierung der Mobilität. Die langfristigen Aussichten für Zellhersteller sind positiv.

Northvolt war nicht das einzige Unternehmen, das unter der schleppenden Nachfrage nach Elektroautos in Europa leiden musste. Anbieter in China können Akkus im großen Stil deutlich günstiger fertigen als in Europa. Darum mussten zuletzt mehrere Batterieprojekte auf dem Kontinent Rückschläge hinnehmen – darunter auch in Deutschland. So legte Ende Mai 2024 der chinesische Akkuhersteller Svolt seine Pläne ad acta, eine Zellfertigung in der Lausitz anzusiedeln. Auch bei der Automotive Cells Company, die unter anderem von Stellantis und Mercedes finanziell getragen wird, liegen Baupläne für Fabriken in Kaiserslautern und Italien derzeit auf Eis.

Die schwächere Nachfrage führt laut Experten des Fraunhofer-ISI dazu, dass nicht mehr rund 1000, sondern vorübergehend nur noch 800 Gigawattstunden an Fertigungskapazität in Europa benötigt werden.

7.8 Das Wunder des Ladens. Wie? Wo? Worauf ist zu achten?

Von der Batterie zum Laden ist es nur ein kleiner gedanklicher Schritt. Ein großer, betrachtet man die heutige Vielfalt an Ladetechnologien.

Lassen Sie uns einen kurzen Ausflug in die Physik machen. Elektrizität ist ein physikalisches und im Falle der Speicherung von elektrischer Energie, elektrochemisches Phänomen. Den elektrochemischen Prozess habe ich weiter oben schon mal beschrieben. Für das Verständnis von Elektrizität hat Siegfried Ohm, ein deutscher Ingenieur, entscheidende Beobachtungen gemacht und im Ohm'schen Gesetz die Beziehungen von Stromstärke, gemessen in Ampere, der Spannung, gemessen in Volt und dem Widerstand, gemessen in Ohm, abgebildet.

$U = R \times I$	U – Spannung [Volt, V]
	R – Widerstand [Ohm, Ω]
	I – Stromstärke [Ampere, A]

Die Stromstärke ist direktproportional der anliegenden Spannung – die liefert die Antriebsbatterie – im Verhältnis zum Widerstand, das ist der E-Motor. Je höher die Spannung und je geringer der Widerstand, desto höher der Strom.

Beim E-Antrieb interessiert uns am meisten die elektrische Leistung, die sich recht ähnlich berechnet: P, das ist die elektrische Leistung, gemessen in Watt [W] ist das Produkt aus Spannung mal Stromstärke.

$P = U \times I$

Umgelegt für e-Autos berechnet sich der Energieverbrauch als Produkt aus der Nennkapazität und Nennspannung, gemessen in Kilowattstunden. Bei einer Photovoltaik errechnet sich die Leistung auch so, nur das Vorzeichen ist anders.

Was kann man mit 1 Kilowattstunde machen? Hier ein paar Beispiele:

- *ca. 133 Scheiben Toastbrot toasten.*
- *90 h eine 10 W Energiesparlampe brennen lassen.*
- *50 h aktiv am Laptop arbeiten, Verbrauch 20 W.*
- *Sieben Stunden fernsehen (70-Zoll-LED-Bildschirm).*
- *Zwei Tage einen Kühlschrank mit 300 Litern Fassungsvermögen betreiben.*
- *Fünfzehn Hemden bügeln.*
- *Einen Waschgang mit der Waschmaschine mit 40°C machen.*

Mit einer Kilowattstunde kann man bei den Verbräuchen der aktuellen E-Autos zirka sieben bis zwölf Kilometer fahren. Damit ist klar, das Problem der Reichweite ist eine Kombination aus Stromverbrauch und verfügbarer Kapazität der Antriebsbatterie. Dazu kommt, dass der Energieverbrauch bei Fahrzeugen, egal ob E-Antrieb oder Verbrenner, maßgeblich vom Luftwiderstand abhängt. Und der steigt mit dem Quadrat der Geschwindigkeit, je schneller sie unterwegs sind, umso höher ist der Energieverbrauch. Vier Kilometer pro Stunde schneller, erfordern den 16-fachen Energieaufwand.

Übersicht

Ich habe auf der Strecke von Gmunden nach Wien, das sind recht genau 250 km, unterschiedliche Geschwindigkeiten ausgetestet. 140 km/h, 130 und dann noch 119 km/h. Auf den 250 Kilometern haben sich minimale Zeitunterschiede ergeben, die aber gravierende Auswirkungen auf die Reichweite hatten. So bin ich mit 140 Kilometern pro Stunde um 7 min schneller gewesen als mit den 119 km/h am Tempomat. Die Restreichweite mit anfangs 100 % Ladestand und annähernd gleichen Außenbedingungen bei 140 km/h betrug 27 km und 127 km bei 119 km/h mit adaptiven Geschwindigkeitskontroller. Bei idealen Bedingungen sind nicht selten 180 km in der Batterie verblieben.

Fazit: Ein wesentlicher Einflussfaktor für die Reichweite ist der rechte Fuß!

7.9 Welche Faktoren bestimmen nun aber die Ladedauer eines E-Autos?

Die Kapazität der Antriebsbatterie spielt eine wesentliche Rolle, ebenso wie die Abgabeleistung am Ladepunkt und die Umgebungsbedingungen. Die Abgabeleistung ist eine Frage des verfügbaren Stromnetzes. Im öffentlichen Raum ebenso, wie im eigenen Haus.

Nehmen wir als Beispiel eine 84 Kilowattstunden Antriebsbatterie eines IONIQ 5 und einen Ladepunkt mit elf Kilowatt je Stunde. Rein rechnerisch sind wir in knapp siebendreiviertel Stunden voll. De Facto dauert es aber viel länger. Warum ist das so?

Nennen wir es den Luftmatratzen-Effekt. Das bedeutet, beim Aufblasen einer Luftmatratze dauern die ersten 80 % des Volumens ebenso lange, wie die restlichen 20 %. Dieser Fakt ist plausibel erklärbar: Die ersten 80 % gehen recht ungehindert in den Körper der Luftmatratze, für die restlichen 20 ist mehr Einsatz erforderlich und dafür braucht es mehr Zeit.

Batterien verhalten sich beim Laden ganz ähnlich. Anfangs findet der elektrochemische Prozess sehr ungehindert statt, die Ionen wandern zur Anode, rotten sich dort zusammen. Solange wenige Ionen der Anode anhaften, können viele kommen, das sind die ersten 80 % der Ladung. Dann wird's eben eng und jedes Ion muss seinen Platz finden, bis der Status von 100 % erreicht ist. Dieses Platzfinden braucht wieder mehr Aufwand und damit Zeit.

Viele Medien und Redakteurinnen, Technikerinnen, Forscherinnen und Organisationen beschäftigt das „Wunder Laden“ und alles, was damit zusammenhängt. So entstehen Mythen und Möglichkeiten, Do’s and Dont’s.

Dass E-Fahrzeuge längst Teil unseres Alltags geworden sind, sehen wir täglich auf Österreichs Straßen. 2023 wurden insgesamt 201.753 neue PKWs zugelassen, davon war jeder fünfte einer mit E-Antrieb, also batterieelektrisch. 2024 ist der Anteil etwas eingebrochen, 2025 war der Anteil über 21 %. Noch bemerkenswerter der Anteil der „Elektrifizierten“, das sind E-Autos, Plug-In-Hybride und Hybride, mit mehr als 60 %.

Mit effizienter Fahrweise, der Vorkonditionierung der Batterie zum Laden und regelmäßigem Testen behält man den Überblick über das zentrale Organ beim E-Auto.

Allerdings: Bei der Batteriepflege gibt es noch Wissenslücken. Dabei ist diese entscheidend, um vorzeitige Alterung und schwerwiegende Fehlfunktionen zu vermeiden. Ab 2027 will die EU den digitalen Batteriepass lückenlos einführen. Darin sind Daten zur Herstellung, den verwendeten Materialien und der Recyclingfähigkeit enthalten. Aviloo, Experte im Bereich Batteriediagnose, gibt uns Tipps für eine optimale Batterienutzung aus deren Daten:

7.9.1 Effiziente Fahrweise

Durch eine effiziente Fahrweise und adäquates Vorkonditionieren sollte man die Anzahl der Vollzyklen geringhalten, um die Batterie zu schonen. Es besteht oft ein Missverständnis darüber, was ein Vollzyklus ist. Ein Vollzyklus liegt vor, wenn ein Energiespeicher 100 % seiner Kapazität verbraucht hat, also eine zu 100 % geladene Batterie auf null Prozent entladen wird.

Der Vollzyklus umfasst die vollständige Entladung auf null Prozent und die folgende Ladung auf 100 % Ladezustand. Tatsächlich beziehen sich damit die Vollzyklen auf die energetischen Zyklen. Werden Batterien nicht vollständig entladen, spricht man von Teilzyklen.

Zum Beispiel: Eine Batterie hat 100 kWh Energie, genauer gesagt Speicher-Kapazität und innerhalb eines Jahres werden 10.000 kWh geladen und entladen. Damit ergeben sich rechnerisch 100 Vollzyklen. Die meisten Batterien sind, abhängig von der Technologie, für 2000 bis 3000 Vollzyklen ausgelegt, damit ist die aktuelle Batterietechnologie für 20 bis 30 Jahre ausgelegt, wenn pro Jahr die 100 Vollzyklen geladen werden.

Anders betrachtet, für wie viele Kilometer sind die oben beschriebenen Vollzyklen geeignet. Eine 100 Kilowattstunden-Batterie liefert, wenn der Verbrauch bei 20 kWh je 100 km liegt, Energie für 500 km Reichweite. Pro Jahr ist das eine Fahrleistung von 50.000 Kilometern. In Österreich ist die jährliche Fahrleistung pro PKW, ob privat oder beruflich, etwas über 13.900 km. So gesehen können wir in Österreich unsere E-Autos mit der bestehenden Speichertechnologie über 70 Jahre in Betrieb halten. Auch wenn laut Herstellern ein Tausch der Batterie bei einer Speicherkapazität von 85 % empfohlen wird, liegt die Nutzungsdauer zwischen 10 und 20 Jahren, mindestens.

Fahrer haben dazu die Möglichkeit, durch eine effiziente Fahrweise die Anzahl der Vollzyklen zu reduzieren. Dadurch wird die Batterie geschont, und ein übermäßiger State-of-Health(SoH)-Verlust wird vermieden. Und die Gesamtreichweite und Nutzungsdauer deutlich erhöht. Dann sind 30 Jahre realistisch erreichbar. Als „State of Health" wird der Gesundheitszustand der Batterie bezeichnet.

7.9.2 Vorkonditionieren zum Laden

Fast alle Autos mit Elektroantrieb haben das Feature, die Batterie zum Laden vorkonditionieren zu können. Am schonendsten werden Batterien bei 20 °C geladen. Sehr warme oder sehr kalte Temperaturen verlangsamen das Laden. Das bedeutet auch, dass die Batterie mehr leiden muss.

Nutzen sollte man das Vorkonditionieren um die Batterie auf den Ladevorgang klimatisch vorzubereiten. Wenn das Fahrzeug während der Vorkonditionierung an die Wallbox angeschlossen ist, wird der Strom direkt aus der Steckdose genutzt, und man muss den Strom nicht aus der Batterie nehmen. Auf diese Weise vermeidet man zusätzliche Zyklen und entlastet die Batterie.

Gerade beim Schnellladen spielt die Vorkonditionierung eine wichtige Rolle. Moderne Fahrzeuge verfügen über eine automatische Vorkonditionierungsfunktion, die aktiviert wird, wenn im Navigationssystem eine Ladesäule angezeigt wird für die geplante Ladung. Dies ermöglicht eine Vorwärmung oder Kühlung der Batterie noch vor dem eigentlichen Ladevorgang. Dadurch wird nicht nur schonender geladen, sondern auch der Ladevorgang beschleunigt. Im Winter ist die Nutzung der Vorkonditionierung von besonderer Bedeutung und ratsam.

7.9.3 Regelmäßiges Testen

Den Gesundheitszustand der Antriebsbatterie zu kennen, ergibt Sinn. Je früher mögliche Leistungsverluste erkannt werden, desto früher kann eingegriffen und außergewöhnlichen Belastungen vorgebeugt werden. Durch regelmäßiges Testen können mögliche Defekte wie Zelldefekte, Probleme im Batteriemanagementsystem (BMS) oder im Thermalmanagement erkannt werden.

Insbesondere unter extremen Temperaturen oder Belastungen, wie in eisigen Wintern, können solche Anomalien das Fahrzeugverhalten beeinträchtigen und sogar Risiken für die Nutzer von Elektrofahrzeugen darstellen.

7.9.4 Wo geht die Reise hin?

Im Juni 2024 veröffentlichte Roland Berger eine Studie zu neuen Technologien für die Leistungselektronik der Bordnetze von elektrisch angetriebenen Fahrzeugen. Dabei wurde mit Siliziumkarbid als Ersatz für herkömmliche Leiterbahnen aus Kupfer und Aluminium geforscht! Dieser Baustein ist einer der wesentlichen Puzzlesteine für die Alltagstauglichkeit von E-Fahrzeugen. Je höher die Ladespannung ist, desto schneller können die Akkus, egal welcher Bauart, wieder aufgeladen werden. Haben bisher Systeme mit 400 V Ladespannung den Standard definiert, wird die Ladespannung künftig mindestens 800 V und mehr betragen.

Diese hohen Ladespannungen ermöglichen bei gleichen Leitungsquerschnitten die Ladezeiten zu halbieren. Grund dafür ist das Verhältnis von Spannung, Widerstand und Stromstärke aus dem Ohm'schen Gesetz. Mit dem Werkstoff Siliziumkarbid soll das gesamte Bordnetz um vieles leichter und elektrisch effizienter werden. Das bringt effizientere Antriebsstränge, höhere Reichweiten und kürzere Ladezeiten mit sich.

Nach den Ergebnissen von Roland Berger wird bis 2030 jedes dritte Auto mit mindestens 800 V Bordladenetzen ausgestattet sein. Dazu wird auch der Umstieg für Leiterbahnen vom Werkstoff Silizium auf Silizium-Karbid Hand in Hand gehen. Die Umstellung der Architektur der Leiterbahnen macht durch die höheren Gleichstrom-Bus-Pegel eine effizientere Energieübertragung möglich. Das macht die Bauteile leichter und erreicht höhere Schaltfrequenzen. Die 800 V Plus Technologie ermöglicht erhebliche Leistungsvorteile bei der Reichweite, der Systemleistung und auch bei der Hitzebeständigkeit.

Die Umrüstung in den Herstellungsprozessen ist jedenfalls kostenintensiv. Allerdings wird diese Technologie künftig breiten Einsatz bei allen Fahrzeugen finden können.

Die Halbleiterkrise der vergangenen Jahre hat den Autoherstellern gezeigt, dass sie alle strategische Partnerschaften mit Siliziumkarbid-Herstellern eingehen werden müssen, um die Verfügbarkeit der begehrten Bauteile sicherzustellen. Diese Strategie ist schon in vollem Gange.

Um den E-Antrieb von Autos täglich wirklich plausibel nutzbar zu machen, ist natürlich ein gut ausgebautes Netz an Ladeinfrastruktur die Voraussetzung. Waren 2023 über 21.000 Ladepunkte verfügbar, sind es 2025 knapp 35.700 und damit ein Plus von fast 15.500 gegenüber dem Jahr 2023! Der Ausbau der Ladeinfrastruktur schreitet beständig voran. Die ausgebaute Ladeleistung liegt über 1,1 Mio. Kilowatt, das sind im Durchschnitt knapp 46 Kilowatt je Ladepunkt.

Mit 1366 Ultraschnellladern, das sind Ladepunkte mit einer Ladeleistung von mehr als 150 kW, ist das Hochleistungsladenetz recht gut ausgebaut. Statistisch, und wirklich nur statistisch, haben wir damit alle zwei Kilometer einen Schnelllader entlang der österreichischen Autobahnen und Schnellstraßen. Rechnen wir beide Fahrtrichtungen, sind es wie gesagt statistisch immer noch alle vier Kilometer. Aber statistisch machen zwei englische Wasserhähne auch lauwarmes Wasser, wenn links heißes und rechts kaltes Wasser kommt.

Die sozialen Medien sind voll von Erfolgsmeldungen zum Ausbau der Ladeinfrastruktur und der niederschwelligen Nutzung. Niederschwellige Nutzung bedeutet einfache Bedienung und einfache Bezahlmöglichkeiten, vollständige Informationen zu den Kosten, wie es bei einer Tankstelle seit Jahrzehnten üblich ist.

Einer der modernsten Ladeparks von Smatrics wurde in Regau nahe der Autobahnabfahrt von der A1-Westautobahn errichtet. Es stehen neun Schnelllader von Hypertonic mit einer Ladeleistung von je 400 kW zur Verfügung. Gleich bei der Einfahrt ist die aktuelle Preisanzeige und die Bezahlung geht mit den gängigen Bank- und Servicekarten der bekannten Anbieter von Energieversorgern, Fuhrparkmanagement-Services oder Oil-Brands wie BP, OMV und dergleichen, gewohnt einfach.

Das maximale Upgrade dazu ist nur noch die Energieversorgung aus der eigenen Photovoltaik-Farm mit Speicher. Dann wäre dieser Ladepark Benchmark und absolut nachhaltig. Die Zukunft wird genau solche Anbieter brauchen. Für ein wirkliches Top-Angebot fehlen nur noch ein gemütliches Café mit Coworking-Space und leistungsfähigem WLAN, gepflegter Toilette und einem Staubsauger in unmittelbarer Nähe zu den Ladepunkten. „Tanken“, genießen, arbeiten, pflegen (Abb. 7.5, 7.6 und 7.7).

Die Zukunft des Ladens muss so ausschauen. Transparente Preise und niederschwellige Bezahlmöglichkeit (Abb. 7.8 und 7.9).

Immer mehr Familien stellen sich die Frage: Mit dem Elektroauto ins Ausland – geht das? Und wie das geht. Sofern das Auto groß genug ist und die Reichweite passt. Denn mit

Abb. 7.5 SMATRICS Ladepark Regau, direkt an der Autobahnabfahrt. © Peter Farbowski

Abb. 7.6 Preisangabe, wie es bei Tankstellen üblich ist. © Peter Farbowski

Abb. 7.7 SMATRICS Ladepark an der Autobahnabfahrt Regau. © Peter Farbowski

Abb. 7.8 SMATRICS Hypercharger Ladepark Regau, 400 kW. © Peter Farbowski

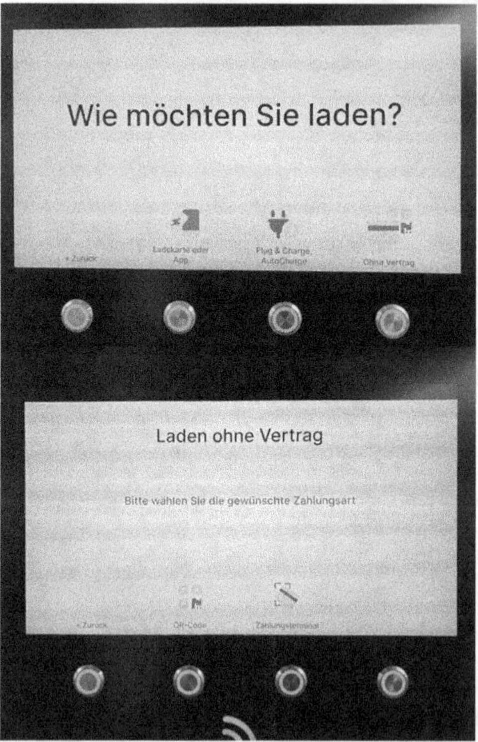

Abb. 7.9 SMATRICS Ladepark Regau, zeitgemäße Terminals bieten niederschwellig alle Arten der bargeldlosen Bezahlung. © Peter Farbowski

zwei Kindern braucht man gefühlt doppelt so viel Platz im Kofferraum, als für zwei Erwachsene.

Moderne, sehr moderne Mobilitätsanbieter können hier in die Bresche springen. Nehmen wir an, eine moderne junge Familie nutzt häufig die Angebote des öffentlichen Personen-Nahverkehrs und hat nur ein Auto, ein Elektroauto! Und das ist nicht auf die jährliche Urlaubsfahrt ausgelegt, sondern auf die Nutzung im restlichen Jahr. Also ein vernünftiges kleines E-Auto.

Der Mobilitätsdienstleister, bei dem das Alltagsauto der Familie im Abo läuft, hat im fairen „Kleingedruckten" die Möglichkeit, drei Mal pro Jahr ein Upgrade für ein größeres Fahrzeug eingeräumt. Ja genau, für Urlaubsfahrten oder andere Bedarfe. Statt eines Kleinwagens, einen Kombi, statt vier Metern Gesamtlänge, fünf. Statt 350 km Reichweite, echte 500 km.

Daheim noch einmal auf 100 % geladen, geht es für vier Tage von Wien nach Ungarn an den Plattensee. Also von zuhause 100 Autobahn-Kilometer nach Györ. Danach auf Landstraßen mit einer Höchstgeschwindigkeit von 90 km/h in der Diritissima nach Balatonfüred.

Die App des Mobilitätsdienstleisters berechnet die ökologischste Route mit den notwendigen Ladestopps. Vater, Mutter und die beiden Kinder kommen nach zweieinhalb Stunden Fahrt mit dem vorausberechneten Akku-Stand von 41 % in Tihany am Plattensee an. Die Fahrt ist leise und entspannt. Die Realität wird vermutlich sogar besser aussehen. 60 % Restladung im LFP-Akku am Parkplatz vor dem Eingang zur Unterkunft. In der Praxis werden Nutzer der E-Mobilität immer wieder überrascht. Positiv, wenn man E-Autofahren erleben möchte und sich drauf einlässt. Im skizzierten Beispiel könnte sogar die Rückfahrt noch mit derselben Ladung erledigt werden und man müsste erst wieder an der heimischen Wallbox laden.

Fakt ist, dass auch auf Strecke in Europa, ja in ganz Europa, die Ladeinfrastruktur sehr gut ausgebaut ist.

7.10 Alt oder jung, welche Personengruppe steht wie zum E-Antrieb?

Wenn es um die Haltung zu E-Autos geht, dann gibt es klare Unterschiede je nach Alter. Autofahrerclubs wollen in einer Umfrage herausgefunden haben, dass ältere Menschen Elektrofahrzeugen eher skeptisch gegenüberstehen. Bei den Jüngeren hingegen sind Autos mit E-Antrieb eher beliebt.

Eine Umfrage des ADAC unter 1000 Autofahrern zeigte 2024, dass E-Autos vor allem bei der jüngeren Generation auf großes Interesse stoßen. Fast jeder zweite Autofahrer unter 30 Jahren denkt ernsthaft über den Kauf eines Elektrofahrzeugs nach. Bei den älteren Generationen ist die Bereitschaft zum Umstieg vom Verbrenner dagegen geringer. Die Auswertung der Daten ergibt für Österreich ein fast deckungsgleiches Ergebnis.

Während ein Drittel der 18- bis 29-jährigen Autofahrer „bestimmt oder wahrscheinlich" auf ein E-Auto umsteigen will, planen 28 % „eventuell", in Zukunft elektrisch unterwegs zu sein. Bei älteren Personen sinkt das Interesse rapide: Nur noch neun Prozent der Befragten ab 50 Jahren gehen davon aus, dass ihr nächstes Auto mit Strom betrieben wird. Jüngere Menschen sind demnach eher bereit, E-Autos zu kaufen.

Die 18- bis 29-Jährigen fahren zudem gerne mit Ihrem E-Auto. 12 % sind bereits regelmäßig mit Elektroantrieb unterwegs, bei den über 50-Jährigen sind es nur vier Prozent. Die Begeisterung für Elektroautos ist zudem schnell geweckt: 60 % der Verbrenner-Fahrer haben Fahrten mit E-Autos genossen, bei den unter 50-Jährigen sind es 69 %. (Quelle: ADAC)

Faktoren, sich für die Anschaffung eines E-Autos zu entscheiden, sind ebenso vielfältig wie bei Verbrennern. Die Umfrage zeigt, dass es noch Wissenslücken über E-Autos gibt. Nur 49 % der Befragten fühlen sich gut über die Vor- und Nachteile informiert. Dennoch sind sich die meisten einig, dass Reichweite und Anschaffungspreis die entscheidenden Faktoren beim Kauf sind. 38 % der Befragten bevorzugen eine hohe Reichweite, 33 % einen günstigen Anschaffungspreis. Beim Anschaffungspreis muss und wird sich was tun müssen. Strafzölle für Anbieter aus anderen Wirtschaftsräumen sind da keine förderliche Maßnahme. Für diejenigen, die bereits regelmäßig ein E-Auto fahren, ist die Reichweite mit 68 % der wichtigste Faktor. Für 24 % ist es der Preis.

Die Anschaffung eines E-Autos unterscheidet sich meines Erachtens eklatant von der eines Verbrenners. Was macht den Unterscheid und was nicht?

Beim Verbrenner haben wir gelernt, auf Leistung, Kofferraumvolumen, Vorderrad-, Hinterrad- oder Allradantrieb zu achten. Auch auf die Motorisierung, das Getriebe, die Ausstattung innen und außen, die Farben, den Verbrauch und den Treibstoff, mit dem der Motor betrieben wird, achten wir. Kriterien, die nur noch zum Teil beim E-Auto relevant sind.

Wirklich wichtig sind die Kapazität der Antriebsbatterie, die Leistung und der Verbrauch des E-Motors in Kilowattstunden je 100 km, Vorderrad-, Hinterrad- oder Allradantrieb, zusammen mit der Batterie beeinflusst das, das Gesamtgewicht des Fahrzeugs. Klar, je leichter, je besser! Eng mit der Antriebsbatterie verbunden ist die On-Board-Ladetechnologie, wir erinnern uns: 400 V oder 800 V. Auch die maximale Leistungsaufnahme beim Laden ist eine der wichtigen Kenngrößen für ein E-Auto, denn sie macht es erst richtig alltagstauglich (Abb. 7.10).

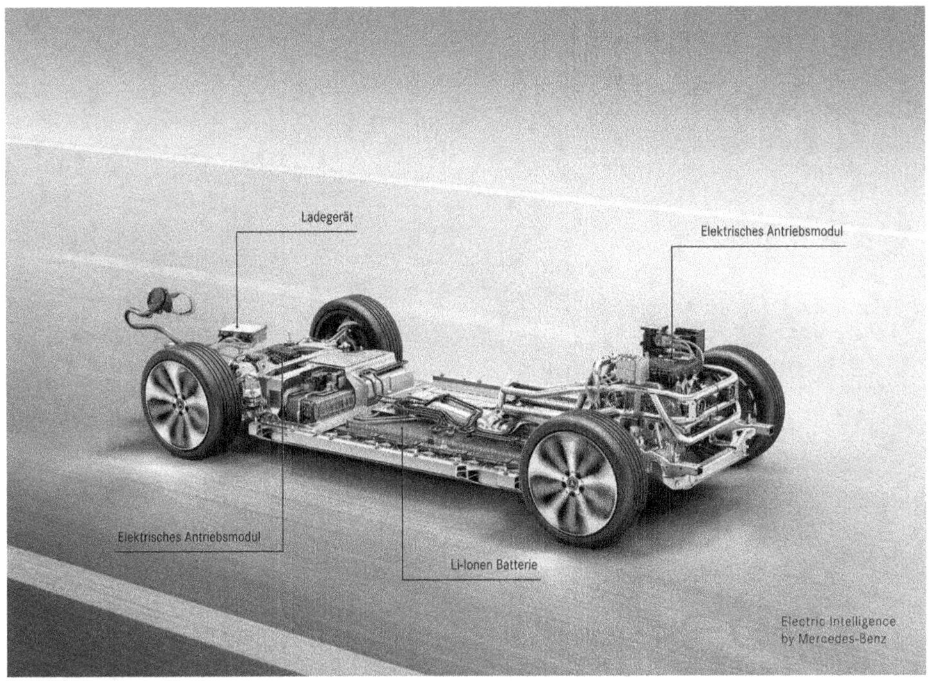

Abb. 7.10 Schematischer Aufbau eines allradgetriebenen E-Fahrzeuges. © Daimler AG

8 COP Paris 2015

Eindeutig ist, das braucht aber auch keine Umfrage zum Thema Mobilität, dass junge Menschen für alle Fachbereiche zum Umweltschutz und für Maßnahmen gegen den Klimawandel offen sind. Wir als Generation Ü-60 haben meines Erachtens aber den Auftrag, unseren Nachfahren eine lebenswerte, gesunde und halbwegs intakte Welt zu hinterlassen. Dazu müssen wir uns – die Sommermonate im Jahr 2024 haben es gezeigt – auch mit den Klimaveränderungen und deren Ursachen auseinandersetzten (Abb. 8.1).

Die vielen Fragen aus dem Themenkomplex der Klimaveränderungen sind bestimmt nicht mit einfachen Maßnahmen zu beantworten. Abwarten ist aber auch keine Option. Die Wissenschaft stellt Hypothesen auf, forscht, um diese zu belegen und daraus zielgerichtete Maßnahmen abzuleiten. Unbestritten ist dabei, dass der CO_2-Ausstoß einen Einfluss auf die Erderwärmung hat. Nicht bewiesen ist bisher, wer den größeren Anteil hat, Mensch oder Natur. Die Menge an CO_2 durch menschliches Handeln ist zwar kleiner als die natürlichen Emissionen, aber die menschlichen Emissionen verbleiben zu 50 % in der Atmosphäre, erhöhen damit die Netto-Bilanz und sorgen so für die Klimaveränderung. Bewiesen ist auch, dass wir als lösungsbegabte Wesen, mit gezielten Maßnahmen unseren Anteil, den wir ja auch durch die steigende Industrialisierung in schwindelerregende Höhen getrieben haben, beeinflussen können. In beide Richtungen. Und – JEDE Maßnahme zur CO_2-Reduktion hilft. Hilft uns und dem natürlichen Gleichgewicht auf der Erde. Und der Planet Erde ist unter allen aktuell erforschten Planeten und Galaxien der Platz, der am besten geeignet ist für menschliche Wesen zum Leben. Das ist doch ein Grund, sich um den blauen Planeten zu kümmern und ihn so lange als möglich lebenswert zu erhalten. Es gibt keinen Planteten B (Richard Branson 2003).

Das Pariser Klimaabkommen nach der COP 2015 hat das Ziel der COP mit 1,5 Grad Celsius, maximal 2 Grad limitiert. Dieses Limit bezieht sich auf die durchschnittliche Erdtemperatur im Vergleich zum vorindustriellen Zeitalter, konkret auf die Erdtemperatur aus

P. Farbowski, *Gekommen, um zu bleiben!*,
https://doi.org/10.1007/978-3-658-51916-2_8

Abb. 8.1 Weltklimakonferenz 2015 in Paris, COP 21. Die wichtigste COP der letzten Jahre. © Peter Farbowski

1900. Die großen Treiber der Erdtemperatur, gemeint ist damit immer die Temperatur an der Erdoberfläche, sind die Jahrzehnte der steigenden Industrialisierung und der damit verbundene CO_2-Ausstoß.

Das Besondere an der vielzitierten Weltklimakonferenz in Paris im Jahr 2015 ist, dass 194 Nationen geschlossen die Schlussresolution unterschrieben. Das ist vorher und nachher nie wieder da gewesen. Geschichtlich ist das vorindustrielle Zeitalter von 1750 bis 1850 definiert. Die EU hat das Jahr 1900 als Referenzwert genommen, mit dem Entschluss, die CO_2-Emissionen bis 2030 auf 50 % zu reduzieren.

Die Europäische Union hat diesen Ball aufgenommen und mit dem Programm „Fit for Fiftyfive" die Geschwindigkeit und die Grenzwerte noch mal angezogen. So sollen die CO_2-Grenzwerte bis 2030 um 55 % gegenüber 1900 reduziert werden. Dazu war in diesem Programm ein striktes Verbot enthalten, nach dem 1.1.2035 Neuwägen mit Verbrennungsmotoren zuzulassen. Ab diesem Datum dürfen nach dem Programm „Fit for Fiftyfive" mit Jahresbeginn 2035 nur noch Fahrzeuge mit nachhaltigem, das bedeutet E-Antrieb oder Wasserstoffantrieb mit Brennstoffzelle, betriebene Neuzulassungen von Fahrzeugen erfolgen. Dieses „Verbrennerverbot" wird mit jedem Tag durch die Politik mehr und mehr aufgeweicht. Das sorgt für reichlich Rechtsunsicherheit und damit für Verwirrung bei den mitteleuropäischen Fahrzeugherstellern.

Mit dieser Rechtsunsicherheit wurde die Ausrichtung der Europäer in Richtung E-Mobilität sträflich vernachlässigt oder besser: verlangsamt. Dazu kommt, dass die Flagship-Marken aus Europa träge, konservative Tanker mit Verbrennungsmotor und Getriebe sind, die nur langsam zu steuern sind. Vergleichen wir die asiatischen Hersteller in einer ähnlichen Analogie, sind die Tanker nicht kleiner, aber moderner und flexibler konzipiert, mit Generatoren und E-Motoren, und damit deutlich schneller zu manövrieren.

Entscheidungen zu Technologien, zu Entwicklungs-, Produktions- und Verkaufsstrategien dauern bei den Riesentankern der asiatischen Hersteller wenige Wochen, während im Vergleich dazu die Mitteleuropäer neun bis zwölf Monate brauchen. Hier ist mehr Handlungsbedarf, in den sich die Politik nicht einmischen darf. Die Probleme, denen Volkswagen heute gegenübersteht, die vermutlich auch die anderen Herstellergruppen in Kürze betreffen werden, sind hausgemacht.

Die Managementfehler werden auch ihre Spuren in der Autozulieferindustrie hinterlassen. Die österreichischen Autozulieferer spielen international eine große Rolle. Weil sie einerseits mit neuen Technologien und Lösungen zur Stelle sind und andererseits immer schon mit Flexibilität strategische Partner für die Hersteller in aller Welt waren. Flexibilität, sich ständig anpassen zu müssen, waren große Herausforderungen, denen sich die Zulieferer in der Vergangenheit gestellt haben und gelernt haben, sich breiter aufzustellen. Sowohl von ihrem Angebot als auch in der Vielfalt Ihrer Geschäftspartner.

Nochmal zurück zum Programm der europäischen Union „Fit for Fiftyfive". Der aktuelle Flottenverbrauch, das ist der Grenzwert aus dem durchschnittlichen CO_2-Ausstoß aller in einem Jahr zugelassenen Neufahrzeuge je Kilometer, liegt 2025 in Österreich bei über 116 g. Das Ziel für 2025 ist nach Revision jetzt bei 94 g je Fahrzeug und Kilometer.

Warum wird die Einheit auch je Fahrzeug gemessen?

Nach dem Übereinkommen der 27 EU-Staaten muss jedes einzelne Auto auch die Grenzwerte erreichen. Um präzise zu sein, 2023 hat der österreichische Autohandel das Ziel klar verfehlt. Volvo und Polestar sind die einzigen, die mit 56 g deutlich drunter sind, die nächste Marke, Toyota ist mit 105 g am nächsten dran, aber dennoch 10 g je Kilometer über dem Ziel. Volkswagen und Ford haben das Flottenziel 2023 am weitesten verfehlt und liegen 28 beziehungsweise 30 g je Kilometer weit weg von den seit 2015 bekannten Vorgaben.

Bis 2035 muss der europäische Autohandel in allen 27 Mitgliedsstaaten das Ziel von 35 g je Kilometer erreicht haben. Ohne hohen E-Anteil, wir reden da von deutlich über 70 %, ist dieses Ziel nicht zu erreichen. Und wer heute noch nicht voll auf E-Mobilität setzt, hat den Zug in Richtung der von der EU selbst gesetzten Ziele voll verpasst. Ach, Diesel als Treibstoff verursacht weniger CO_2 als sein spritziger Bruder Benzin! Nochmal betont werden muss, dass wir nur diesen einen Planeten haben. Dazu haben wir als Gesellschaft auch die Verantwortung, diesen Planeten unseren Kindern und Enkeln in bestmöglichem Zustand zu hinterlassen. Weniger CO_2 und weniger Methan.

8.1 Umweltbelastung: Verbrenner versus E-Motor

Die Berechnung des CO_2-Footprints, wie die Umweltbelastung bei der Produktion eines Autos gerne zusammengefasst wird, schwankt je nach Größe und Segment zwischen vier und 25 t CO_2. Vier Tonnen treffen für einen Kleinwagen zu, 25 t für einen Luxus SUV mit Vollausstattung, beide mit Verbrennungsmotoren. Im Vergleich dazu verursacht ein 100 % elektrisches Fahrzeug elf Tonnen CO_2. Diese Berechnung ist äußerst komplex, hängt an den verwendeten Materialien, an den Produktionsabläufen und den Prozessen. Dazu kommen die Lieferkette, die Anzahl der Schnittstellen, Übergabe- und Zählpunkte, die Logistik der einzelnen Materialien und Komponenten. Hier sind die Unterschiede zwischen den Antriebsarten gering. Der seriöse Vergleich zwischen E- und Verbrennungsantrieb beschränkt sich also auf die Antriebsart. Logisch ist dabei, dass ein Hybrid-Antrieb, die Kombination aus Verbrenner- und E-Antrieb, den größten Footprint hinterlässt, nämlich das Eineinhalbfache des Verbrenners. Das ist um mehr als zehn Prozent höher als ein vergleichbarer „Stromer".

2017 wurde eine Studie der schwedischen Umweltorganisation IVL veröffentlicht. Diese Studie hatte einige Annahmen getroffen, die aus heutiger Sicht falsch erscheinen. Deshalb wird diese Studie heute nicht mehr für den Vergleich zwischen Verbrenner- und E-Antrieb herangezogen.

Die Kapazität einer Antriebsbatterie in einem E-Auto liegt etwas über 50 Kilowattstunden. Der CO_2 Abdruck je Kilowattstunde liegt bei 140 g laut dem Batteriehersteller LG Chem, somit bei etwa sieben Tonnen. Ein kompletter Antriebsstrang mit Motor, Getriebe und Differenzial produziert zirka 5,6 t das sind 20 % weniger CO_2.

Zieht man die Gesamtkosten von Fahrzeugen, Produktion, Anschaffung, Wartung und Betrieb für eine Laufleistung von 200.000 Kilometern in Betracht, bestätigen sowohl Fraunhofer als auch der VDI dem Elektroauto mit 100 % E-Antrieb eine deutlich umweltfreundlichere CO_2-Bilanz als den Verbrennern. Der Plug-In-Hybrid ist dem E-Auto am nächsten, der Benziner schlägt am gravierendsten zu Buche. Zur Klarstellung sei noch erwähnt, dass auch die CO_2-Belastung in der Herstellung der Treibstoffe, Benzin, Diesel, Strom und grüner Strom berücksichtigt wurden. Und die Studien sind allesamt deutscher Provenienz. Basieren daher auf den deutschen Sprit- und Strompreisen und auch dem deutschen Strommix. Im Strommix gibt es deutliche Unterschiede zwischen Österreich und Deutschland.

Das Fazit der Studien weist die CO_2-Breakeven-Schwelle für E-Antriebe bei 90.000 Kilometern aus. In Österreich wird diese Schwelle, aufgrund des vorteilhafteren Strommix und dem deutlich höheren Anteil an Strom aus erneuerbaren Quellen, zwischen 70.000 und 80.000 Kilometern liegen.

8.2 THG-Quoten

Treibhausgas-Quoten sind in Verbindung mit E-Mobilität ein wichtiger Baustein.

Die Geschichte des Zertifikatehandels geht in die 1960er-Jahre zurück. Der amerikanische Wirtschaftswissenschaftler Thomas Crocker entwickelte die Idee, über Zertifikate einen Markt für Verschmutzungsrechte einzurichten. Das erste Ziel war es, die Gewässerverschmutzung durch Industrieabwässer einzudämmen. Der Nachweis, dass diese Idee auch fruchtete, wurde erst 1977 erbracht. Die gesamten Emissionen eines Unternehmens wurden dann 1990 in diesem Ansatz in Betracht gezogen und das erste Emissionshandelssystem wurde etabliert. Damals war es der „saure Regen" der Anlass gab, Maßnahmen zu ergreifen.

Im europäischen Raum gab das Kyoto-Protokoll den Anstoß, ein flexibles Instrument für den Handel von Emissionsrechten zwischen den Mitgliedsstaaten zu errichten. 1997 wurde diese Handelsplattform zum Handel von Rechten mit Kohlenstoffdioxid, Methan, Stickstoffmonoxid und anderen Treibhausgasen gestartet. Am 25. April 2002 wurde das Kyotoprotokoll vom Europäischen Rat ratifiziert und der Handel mit Emissionszertifikaten, mit dem Ziel des Klimaschutzes, hat im großen Stil begonnen. Am 13. Oktober 2003 wurde dann die Emissionshandelsrichtline der EU beschlossen und in der Folge von den Mitgliedsstaaten umgesetzt.

Erst 2011 wurde das österreichische Emissionshandelsgesetz beschlossen. Seither sind auch die Rechte zum Emissionshandel zwischen Unternehmen geregelt. Warum ist das in der Verbindung mit Mobilität interessant?

Nun, das Emissionshandelsgesetz ermöglicht es auch, dass die positiven Treibhausgas-Quoten der E-Autos in den Handel gelangen und somit für einen weiteren wirtschaftlichen Vorteil der E-Mobilität sorgen. Pro Jahr lassen sich je E-Auto damit 300 bis 400 € lukrieren, die das Mobilitätsbudget entlasten.

8.3 Smart Home und E-Mobilität

Mit dem aktuellen Bestand von mehr als 200.000 elektrifizierten Fahrzeugen in Österreich haben wir eine Speicherkapazität von zirka fünfzehn Gigawattstunden mobil zur Verfügung. Fünfzehn Gigawattstunden, die die Netze entlasten können und dazu beitragen, den CO_2-Footprint gravierend zu reduzieren. Mit dieser Kapazität können alle thermischen Kraftwerke mindestens ersetzt werden. Die Politik ist hier zusammen mit den Autoherstellern und den Energieversorgern gefordert, für klare Verhältnisse und einen zukunftsweisenden rechtlichen Rahmen zu sorgen.

Der Industriezweig der Hersteller für Ladeinfrastruktur wird bei entsprechend klar definierten Rahmenbedingungen die geeigneten Ladeboxen entwickeln, damit die Fahrzeuge direkt mit Strom aus der Photovoltaikanlage geladen werden können. Dieser grüne Strom steht dann in den Antriebsbatterien der Fahrzeuge auch für die Nutzung „Vehicle to Home" (V2H) zur Verfügung. Wie gesagt, diese Konstellation entlastet die Stromnetze, weil der lokal (dezentral) erzeugte Strom direkt vor Ort gespeichert werden kann und bei Bedarf von dort auch wieder entnommen wird. Ohne das Netz zu belasten.

Würden Elektroautos als Stromspeicher genutzt, könnten die Energiekosten, einer EU-Studie zufolge, um bis zu 22 Mrd. Euro sinken. (vergl. Online-Kurier vom 30.10.2024). Beim bidirektionalen Laden nehmen die Antriebsbatterien der E-Fahrzeuge überschüssige Energie aus PV und/oder Wind aus dem Mikronetz auf, speichern ihn und geben den Strom bei Bedarf, am Abend oder in der Nacht, ins Haus oder in das Micro-Grid wieder ab.

Sowohl Kosten- als auch technische Vorteile kommen den Netzbetreibern, übrigens auch für öffentliche Netze, und den Verbrauchern gleichermaßen zugute. Fraunhofer ISI hat die Studie im Auftrag des EU-Interessensverbands Transport und Environment gemacht. Der berechnete Betrag für Deutschland, der sich zwischen 2020 und 2024 kostensenkend auswirkte, wird in dieser Studie mit mehr als 100 Mrd. Euro ausgewiesen. Annahme dabei ist, dass die Hälfte aller neuzugelassenen Elektroautos bidirektional laden können. Technisch ist das bei den Autos möglich, meist ist nur ein Softwareupdate notwendig.

Vehicle to Grid (V2G), also das Einspeisen gespeicherten Stroms in das öffentliche Netz, braucht noch einen rechtlichen Rahmen. Hier ist der Gesetzgeber in Österreich seit Jahren säumig. Vehicle to Home (V2H), also das Einspeisen in das eigne Haus, ist im Graubereich schon heute möglich.

Technisch ist die Abgabe von gespeichertem Strom egal ob bei stationären Speichern zuhause oder mobilen Speichern in Autos, machbar. Für den Haushalt ist Wechselstrom mit 240 V Spannung und einer exakten Frequenz von 50 Hz in Österreich notwendig. In den Antriebsbatterien ist die Energie in Form von Gleichstrom gespeichert. Zur Nutzung im trauten Heim ist die Umwandlung vom Gleich- in Wechselstrom notwendig. Das erfolgt mit einem Wechselrichter, der entweder im Fahrzeug verbaut ist oder extern an der Wand hängt. Bei den eingebauten Wechselrichtern wird direkt vom Fahrzeug Wechselstrom geliefert, das ist aber aus Gewichts- und Kostengründen sehr selten der Fall. Wesentlich öfter wird den Antriebsbatterien Gleichstrom entnommen und in externen Wechselrichtern, in bidirektionalen Wallboxen, in den nutzbaren Wechselstrom umgewandelt. Jeder Umwandlungsschritt sorgt für Verluste, schmälert also den Leistungsgrad. Oder umgekehrt, treibt die Kosten in die Höhe.

Die Produzenten von „Wallboxen" haben schon einige Modelle entwickelt, die für das bidirektionale Laden geeignet sind. Leider fehlen noch Standards, die solche Boxen flächendeckend einsetzbar machen. Die Landschaft für V2H ist in Europa schon sehr unterschiedlich, weltweit kaum zu überblicken. Die namhaften Hersteller stimmen sich ab, um nicht zu weit auseinanderzulaufen.

Ob der Strom aus Photovoltaik, der als Gleichstrom produziert wird, gleich als Gleichstrom (DC) in den Batterien gespeichert wird oder als Wechselstrom (AC) gleich zur Nutzung bereitgestellt wird, ist eben das Thema, das es in einen technischen Standard zu gießen gilt. Natürlich sind die Verluste geringer, je weniger Umwandlungsschnittstellen es gibt. So ist bei DC-DC-Nutzung nur eine Stufe zur Nutzung zu überwinden. Dieses Konzept bedarf jedoch etwas aufwendiger konstruierter Ladeboxen und Wechselrichter.

DC-AC-Nutzung hat mindestens vier Umwandlungsschnittstellen zu überwinden. Damit verbunden sind hohe Leistungsverluste und natürlich auch aufwendige technische Apparaturen.

In Österreich sind einige Hersteller von Ladeboxen zuhause. Natürlich finden wir Namen wie KEBA, Siemens, Schrack, Kostad, go-e um nur einige zu nennen. Sie bieten Wechselstrom-Home-Charging-Lösungen von 3,7 bis 22 Kilowatt an. Das sind recht ordentliche Leistungen für Wohnungen und private Häuser. Bedenkt man dazu, dass ein Hausanschluss in Österreich bisher sechs bis acht Kilowatt hat. Bidirektionale Modelle sind nur wenige dabei.

Selbstverständlich werden auch Schnelllader in Österreich gebaut. Diese liefern Strom in hohen Spannungen und als Gleichstrom. Schnelllader haben Leistungen von 50 bis 350

Kilowatt und sind in gewerblichen Anwendungen wie Ladeparks, Tankstellen und öffentlichen Einrichtungen zu finden, aber auch bei vielen Autohäusern.

Vollintegrierte Konzepte werden die Zukunft der unabhängigen und netzschonenden Stromversorgung werden. Photovoltaik, Windkraft, das Auto als Speicher und das bidirektionale Laden sind Kernelemente für die nachhaltige Zukunft und Mobilität (Abb. 8.2).

Die dezentrale Erzeugung von Strom wird in Zukunft ein wichtiger Erfolgsbaustein sein. Die Menge an Strom zu erzeugen, die wir mit dem Ausstieg aus den fossilen Brennstoffen als Ersatz benötigen werden, muss dezentral erfolgen. Mit der Nutzung von E-Fahrzeugen in den künftigen Energiekonzepten können Häuser und Wohngemeinschaften völlig autark werden. Die gesetzlichen Rahmenbedingungen fehlen, wie gesagt, leider noch dazu.

„E-Autos können als mobile Stromspeicher enorm zur Stabilisierung des Stromsystems beitragen", teilte Robert Habeck, Bundeswirtschaftsminister in Deutschland mit. „Ihre Batterien können zur Zwischenspeicherung elektrischer Energien genutzt werden und schaffen so zusätzliche Flexibilität."

Fazit:

Elektroautos tragen zur Stabilisierung der Netze bei. Dazu entlasten die E-Autos auch die öffentlichen Netze. Als Teil von Micro-Grids, die den Strom zu 100 % aus nachhaltigen

Abb. 8.2 Schema Haus mit Sektorenkopplung

Quellen wie Sonne und Wind gewinnen, mit smarten Steuerungen, sind die Antriebsbatterien zusammen mit stationären Speichern ein wesentlicher Baustein zum Erfolg.

Leider fehlen immer noch die eindeutigen gesetzlichen Regelungen, denen sich die Gesetzgeber in Zukunft dringend widmen müssen. Es wird auch Vereinbarungen zwischen öffentlichen Netzen, Bürgerenergie-Gemeinschaften, Erneuerbarenenergie-Gemeinschaften, Micro-Grids und Arbeitgebern brauchen.

Warum Arbeitgeber? Wenn Elektrofahrzeuge beim Arbeitgeber geladen werden dürfen und Teil eines regionalen Stromnetzwerkes sind, ist die Zuordnung der Erzeugung und des Verbrauches schon recht komplex. Ohne eine Studie dazu zu kennen, nehme ich an, dass der Naturaltausch von Strom von – nennen wir es – zuhause und vom Arbeitgeber im Gleichgewicht zwischen Geben und Nehmen sein wird. Angesprochen muss dieses Thema in jedem Fall werden, damit keine Unstimmigkeiten entstehen.

8.4 E-Auto-Gebrauchtwagenmarkt

Der Markt für gebrauchte E- Autos ist aktuell nicht wirklich vorhanden. Dazu ist die Inzahlungnahme gebrauchter Autos mit 100 % E-Antrieb, sowohl für den markengebundenen Handel als auch für die ungebundenen Händler noch ein „Worst-Case“. Zugegeben nicht für alle Autohändler ist der E-Antrieb mit Angst und Unsicherheit verbunden.

Hersteller gingen bisher davon aus, dass die Haltbarkeit der Antriebsbatterie begrenzt ist. Weil man annahm, dass durch das häufige Schnellladen die Kapazität dramatisch nachlässt. Die 10.000 Vollladezyklen würden schnell erreicht sein. Die ausgelobte Garantielaufzeit ist überwiegend acht Jahre. Einige wenige Hersteller haben erkannt, dass die Akku-Pakete deutlich längere Standzeiten haben. Vollladezyklen kommen so gut wie gar nicht vor und auch das Schnellladen befeuert nicht den Halleffekt in dem Ausmaß, wie es in der Entwicklungsphase angenommen wurde. Es hat sich also eine ganze Menge getan und glücklicherweise haben sich diese schlimmsten Befürchtungen nicht gezeigt.

Damit lebt die Chance, dass sich auch für E-Autos ein echter Gebrauchtwagenmarkt mit allen Vor- und Nachteilen entwickeln wird. Wenige haben bisher diese Chance erkannt und haben für sich die Nische des E-Gebrauchtautos zum erfolgreichen Geschäftsmodell aufgegriffen. Natürlich ist es wichtig, die technischen Parameter der Antriebsbatterie, also den „State of Health“ zu kennen. Eine plausible Bewertung der einzelnen Modelle fehlt noch, weil ja der Markt und damit die Erhebungsdaten fehlen.

8.4.1 Ist jetzt der richtige Zeitpunkt für den Kauf eines gebrauchten Elektroautos oder kommt der nie?

Mit sinkenden Werten und Preisen werden gebrauchte Elektroautos immer erschwinglicher und eröffnen den Käufern eine ganze Reihe neuer Möglichkeiten. Die Auswahl beginnt zu wachsen und reicht von kleineren Elektroautos bis hin zu den bekannten Premiummodellen als Limousine und SUV.

Groß ist der Markt bei den Young-Used-E-Cars. Dieses Angebotssegment erfreut sich nicht nur bei Verbrennern steigender Beliebtheit. Auch junge Autos aus dem Bestand von Vorführ- und Leihwägen sowie Mietautos kommen in den Gebrauchtwagenmarkt und kommen am Markt gut an. Dazu füllen immer mehr Premiumfahrzeuge beliebter Marken die Plätze der Gebrauchtwagenhändler.

Der Kauf eines gebrauchten Elektroautos ist jedoch nicht dasselbe wie der eines gebrauchten Benzin- oder Dieselfahrzeugs, und es ist wichtig, sicherzustellen, dass ein Gebrauchtwagen einen einwandfreien Gesundheitszustand aufweist, bevor auf der gepunkteten Linie unterschrieben wird.

Worauf kommt es nun an, auf was müssen Neueinsteiger in der E-Mobilität achten? Im Folgenden ein kurzer praktischer Überblick, auf welche Bauteile, Baugruppen und Bauelemente beim Kauf eines gebrauchten Elektroautos geachtet werden muss.

Batterie: State of Health (SOH) und Typ-2-Kabel

Ein wichtiger Teil eines Elektroautos, den Sie überprüfen sollten, ist die Batterie und ihre Reichweite. Eine Elektroauto-Batterie kann in der Regel etwa ein bis zwei Prozent ihrer Kapazität pro Jahr verlieren, daher ist es wichtig, die Reichweite auf dem Armaturenbrett zu überprüfen und mit den Angaben des Herstellers zu vergleichen. Vergewissern Sie sich, dass der Händler oder Verkäufer das Fahrzeug vollständig aufgeladen hat, um einen genauen Eindruck vom Zustand der Batterie zu erhalten (Abb. 8.3).

Ebenso so sinnvoll ist es auch, alle Ladeanschlüsse zu überprüfen inklusive dem mit dem Fahrzeug gelieferten Typ-2-Kabel. Schäden sind unangenehm und meist teuer. Wenn Sie Bedenken haben, können Sie das Fahrzeug einfach jederzeit an ein Ladegerät anschließen, um zu prüfen, ob alle Teile ordnungsgemäß funktionieren.

Reifen

Prüfen Sie, ob die Reifen für Elektrofahrzeuge geeignet sind. Neue Modelle sind mit E-Reifen ausgestattet, da ihre härtere Zusammensetzung den Rollwiderstand verringert und die Reichweite erhöht. Wenn es um den Austausch von Reifen geht, versuchen die Besitzer, Kosten zu sparen, indem sie Optionen wählen, die nicht für das Gewicht des Fahrzeugs ausgelegt sind.

Fahrwerk und Radaufhängung inklusive Stoßdämpfer

Machen Sie unbedingt eine Probefahrt mit dem Auto. Machen sie sich dazu Notizen und beschreiben Sie Fehler und Mängel möglichst detailliert. Achten Sie auf laute Schläge oder Geräusche der Aufhängung. Spüren Sie, ob die Dämpfer und Federn locker sind und ungewöhnliche Geräusche von sich geben. Denken Sie daran, dass Elektroautos schwer sind, sodass die Aufhängungskomponenten oft härter arbeiten als bei einem Fahrzeug mit Verbrennungsmotor.

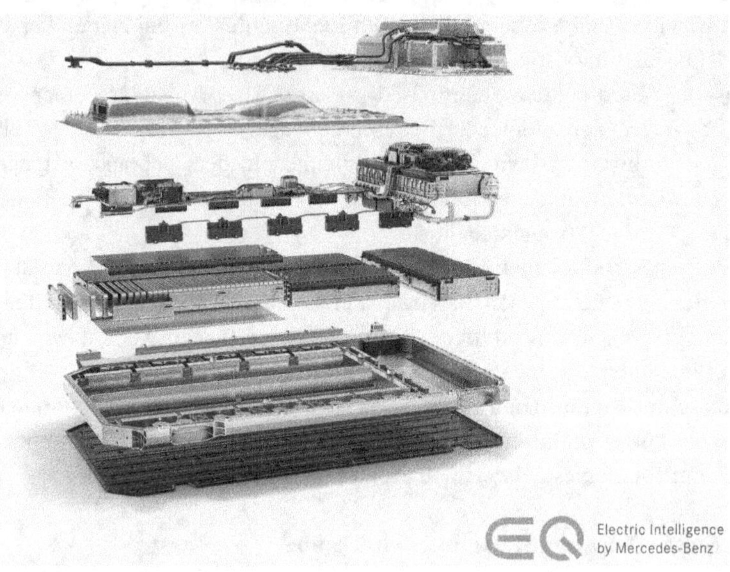

Abb. 8.3 Details Antriebsbatterie, © Daimler AG

Händler oder Privat?

Dazu müssen Sie sich die Frage stellen, ob sie Gewährleistung oder Garantie wollen. Achtung, Garantie ist eine einseitige Willenserklärung des Herstellers. Beim Eintreten bestimmter Bedingungen kann dann ein schadhaftes Teil durch ein neues ersetzt werden. Bedingungen und Konditionen, ja sogar die Höhe der Vergütung unterliegt der Gestaltungsfreiheit. In den Kleinanzeigen finden sich viele Privatleute, die ihr Elektroauto in ein neues Zuhause bringen wollen. Da es sich bei einem Elektroauto jedoch um ein Spezialfahrzeug handelt, ist es besser, sich an einen Händler oder einen anerkannten Spezialisten zu wenden.

Wenn Sie ein Elektroauto zum Verkauf finden, bei dem eine Warnleuchte aufleuchtet, sollten Sie lieber die Finger davon lassen – und jeden Händler, der ein Auto mit einer solchen Leuchte auf seinem Vorplatz stehen hat, sollten Sie ebenfalls meiden.

Garantie und Gewährleistung

Für ein Elektroauto gibt es zwei Garantien: eine für das Auto und eine für die Batterie. Die meisten Batterien neigen dazu, sich im Laufe ihrer Lebensdauer nur geringfügig zu verschlechtern, aber es lohnt sich, eine zusätzliche Garantie abzuschließen, um sich abzusichern.

Kilometerstand und Service-History

Ein Elektroauto mit hohem Kilometerstand mag Sie zwar abschrecken, aber wenn der Preis stimmt, ist es immer noch eine gute Option. Elektroautos haben weniger bewegliche Teile und müssen nicht geölt werden, was bedeutet, dass während der Nutzungsdauer kaum etwas schiefgehen kann. Dazu werden durch die Wirkweise des Elektromotors

Verschleißteile wie die Bremsen deutlich weniger bis gar nicht abgenutzt. Und selbst mit mehr als 160.000 Kilometern auf dem Tacho haben Elektroautos immer noch deutlich mehr als 80 % ihrer Batteriekapazität zur Verfügung.

Eine vollständige Service-History ist unerlässlich, denn so können Sie sicher sein, dass das Auto alle wichtigen Software-Updates erhalten hat. Außerdem macht es das Auto begehrenswerter, wenn Sie es später verkaufen wollen.

8.5 Autonomes-Fahren – Wo stehen wir, wohin geht die Reise ohne Fahrerin?

Wir, die Generation der 60-er- und 70-er-Jahre, werden nach dem aktuellen Stand das Autonome Fahren wohl nicht mehr erleben. Technisch gibt es mittlerweile keine Hürden mehr zu meistern. Die Herausforderung liegt in den juristischen Details. Vor allem aber darin, dass der „gemischte Verkehr" zwischen „Mensch und Maschine" nicht fehlerfrei funktioniert. Fehler aus menschlichen Reaktionen.

Die Autonomie des Fahrens wird technisch in fünf Levels gegliedert. Diese Levels definieren den Umfang der Autonomie.

- **Level 1:** Das Auto verfügt über einzelne unterstützende Systeme wie Antiblockiersystem (ABS) oder Elektronisches Stabilitätsprogramm (EPS), die selbsttätig eingreifen.
- **Level 2:** Automatisierte Systeme übernehmen Teilaufgaben wie zum Beispiel die adaptive Geschwindigkeitsregelung, den Spurwechselassistent oder den automatischen Notbremsassistenten. Der Fahrer behält aber die Hoheit über das Fahrzeug und die Verantwortung.
- **Level 3:** Das Auto kann streckenweise selbsttätig beschleunigen, bremsen und lenken (bedingte Automation). Bei Bedarf fordert das System den Fahrer auf, die Kontrolle zu übernehmen.
- **Level 4:** In Normalbetrieb kann das Fahrzeug völlig autonom fahren. Der Fahrer hat aber die Möglichkeit, einzugreifen und das System zu „überstimmen".
- **Level 5:** Vollautomatisierter, autonomer Betrieb des Fahrzeugs ohne die Möglichkeit und Notwendigkeit des Eingreifens durch den Fahrer.

Wie gesagt, technisch steht dem autonomen Fahren auf Level 5 nichts mehr im Weg. 5G, die fünfte Generation des Mobilfunkstandards, macht bei dichtem Ausbau sehr hohe Übertragungsgeschwindigkeiten von Informationen möglich und sorgt so für die Kommunikation zwischen im Netz erreichbaren Maschinen. 5G kann aber nicht in Echtzeit die Verhaltensmuster von Menschen im Straßenverkehr erkennen und berechnen und in den Prozess der Informationsverarbeitung einfließen lassen. Damit ist das menschliche Verhalten, die unberechenbaren Reaktionen, das schwache Glied im Rollout des autonomen Fahrens.

Die Autonomie wird mit zunehmend hoher Automatisierung auch neue Levels brauchen. Aus meiner Sicht ist also bei Level 5 noch lange nicht Schluss.

Die Verkehrspolitik wird sich für getrennte Verkehrsflächen für das autonome- und das menschenbeeinflusste Fahren entscheiden müssen. Kein Algorithmus der Welt, kein Programmierer wird die Entscheidung mit allen Konsequenzen treffen können, ob ein Fahrzeug in eine Menschengruppe oder eine Hausmauer fährt. Auch KI kann da nicht helfen, denn KI kann keine kognitiven und schon gar keine emotionalen Entscheidungen treffen. Das wird glücklicherweise auch noch lange dauern.

Anton Zeilinger, einer der anerkanntesten internationalen Wissenschaftler aus Österreich hat gesagt: „Über das menschliche Hirn, die Informationsverarbeitung und die Entscheidungspfade wissen wir so wenig, eigentlich gar nichts. Verstehen tun wir die Prozesse noch weniger. Damit werden auch noch lange, sehr lange keine Algorithmen programmierbar sein, die kognitive Entscheidungen treffen können. Von emotionalen ganz zu schweigen." (Triest, 2021). Doch eine beruhigende und gute Nachricht.

Die Entscheidung, die Verkehrsflächen zu trennen, ist unpopulär. Das Risiko, das nicht zu tun, zu hoch. Damit sind wir in einer Pattstellung, deren Auflösung sehr mutiges Vorgehen verlangt. Ist dazu die gegenwärtige politische Landschaft bereit?

Die Verkehrsteilnehmer auf unterschiedlichen Flächen am Verkehr teilnehmen zu lassen, war übrigens schon in den 1930er-Jahren diskutiert worden. Der Architekt und Visionär Fritz Malcher, der 1888 in Baden bei Wien geboren wurde, war es, der für die Kärntnerstraße in Wien die Separierung der Verkehrsteilnehmer zu deren Wohl vorschlug. Seine Idee war es, die Fußgänger von der Straße in den ersten Stock zu heben. Sie sollten sich auf einer Glasbrücke frei und ungestört bewegen können. Für den automobilen Verkehr mit Elektroautos war der wörtlich halbe Weg zwischen erstem Stock und Straße von ihm angedacht. Während damit die Straße für den restlichen Verkehr freigehalten werden könnte und der Verkehr in ständigem Fluss sein sollte. Fritz Malcher war seiner Zeit voraus. Unserer auch!

Die Autonomie im Fahren wird den Verkehrsfluss bedeutend entlasten und schneller machen. Der Fahrzeugbestand wird abnehmen, die Straßen werden freier und mit getrennten Verkehrsflächen noch effizienter und ökonomischer im Betrieb.

Das autonome Fahren ist bestimmt deutlich sicherer als das Fahren von Menschenhand. Das ist unbestritten. Heute ist in den Fahrzeugen, im Speziellen in Fahrzeugen mit E-Antrieb eine Computerleistung verbaut, die ein Vielfaches von dem ist, was „Mission Control" beanspruchte, um Apollo elf 1969 gut und sicher zum Mond, samt Mondlandung und wieder zurückzubringen. Ein sehr einfaches Handy hat heute allerdings schon mehr Rechenleistung. Der VW Golf III, das ist die Baureihe aus 1991 bis 1997, hatte schon die gleichwertige Leistung von Computern „onboard" verbaut.

Autonome, wirklich autonom fahrende Fahrzeuge, die ab Level 5 anfangen, werden kleine Rechenzentren sein, die in heute noch ungeahnten Geschwindigkeiten ihre Algorithmen berechnen und die Fahrzeuge sicher von A nach B bringen. Dass künftig auch der Zugriff auf den persönlichen Kalender möglich sein kann, ist klar. So kann die Mobilität der Zukunft individuell und bedarfsgerecht berechnet werden. Eine KI berechnet selbstständig Fahrzeit und Strecke und steht dann pünktlich vor der Haustüre, um uns anzuholen. Das ist nur ein kleiner und bequemer Nebeneffekt. Den können wir nutzen, wenn wir wollen. Ein Kann, kein Muss.

Bei vulnerablen Personen kann der Bedarf an Mobilität auch mit Messdaten für die persönliche Gesundheit verbunden sein. So kann und wird KI in der Mobilität auch Carefunktionen übernehmen.

100 % autonome Fahrzeuge, Level 5 und höher, werden auch selbstständig den Werkstatttermin buchen, hinfahren und nach dem Werkstattaufenthalt ihren „Dienst" wieder aufnehmen. Höchst- wahrscheinlich ist dafür auch ein menschlicher Eingriff nicht mehr nötig. Das alles kann sehr hoch automatisiert ablaufen. Selbstverständlich wird auch das Laden der Antriebsbatterie zeit- und auslastungsgerecht völlig autonom erfolgen.

Fahrstrecken und Fahrzeiten werden verlässlich und ohne Staus berechnet werden können, weil ja der unsichere Faktor Mensch in der Kalkulation wegfällt. Wie gesagt, das alles funktioniert nur, wenn wir die Verkehrsflächen für autonomen und personenbeeinflussten Verkehr trennen. Die Trennung ist auch heute schon möglich. Es müssen „nur" aus den bestehenden Straßen die Straßen definiert und überwacht werden, die ausschließlich autonom befahren werden dürfen. Das ist sicher unpopulär und deshalb wird es die Politik möglicherweise nie entscheiden. Damit werden wir das hochautomatisierte autonome Fahren noch lange nicht erleben.

Autonomes-Fahren ist überdies nicht an urbane Strukturen gebunden. Es funktioniert überall und für alle Personengruppen. Man muss nur mit einem elektronischen, datenverarbeitenden Endgerät umgehen können. Dann kann Mobilität abgerufen beziehungsweise der Bedarf über den Mobilitätsanbieter angefordert werden.

Ein gravierender Schwachpunkt bleibt der automatisierten Mobilität. Für Personen mit Behinderung kann das Ein- und Aussteigen zum unüberbrückbaren Hindernis werden. Weil ja unbemannt, muss ein passendes Konzept an Hilfeleistungen für diese Personengruppe ersonnen werden. Möglicherweise kann so ein neues Berufsbild aus der KI entstehen. Viele Arbeitsplätze werden durch das autonome Fahren wegfallen, man denke an Taxis, LKW-Fahrer, Busfahrer, an viele Arbeitsplätze im Öffentlichen-Personen-Nahverkehr. Das kommt der aktuellen Bevölkerungspyramide und dem Arbeitsmarkt recht entgegen. Die neuen Arbeitsplätze können dann mit neuen Berufsbildern und Ausbildungspfaden durch diese Personen besetzt werden. Veränderungen bieten auch Chancen.

Zurück zu Level 1 bis 3: Im Folgenden ist hier beispielhaft eines der zentralsten elektronischen Helferlein näher vorgestellt.

Die Bezeichnung „Adaptive Cruise Control" meint die neue Generation des Tempomats, der sich automatisch an aktuelle Verkehrsbedingungen anpasst. Die Adaptive Cruise Control soll den Komfort und die Sicherheit des Fahrers erhöhen.

Der englische Begriff weist auf die einschaltbare Funktion in modernen Autos hin, die die Fahrgeschwindigkeit automatisch an die aktuelle Verkehrssituation in Echtzeit anpasst und dabei das vorausfahrende Fahrzeug mit einberechnet. Gleichbedeutende Bezeichnungen sind „Aktive Geschwindigkeitsregelung", „Abstandsregeltempomat" und „Automatische Distanzregelung".

Den klassischen Tempomat stellt man auf eine bestimmte Geschwindigkeit ein, die das Auto dann automatisch hält, sodass man den Fuß vom Gas nehmen kann. Das ist beispielsweise auf Autobahnen sehr angenehm. Würde man sich aber nun einem anderen Auto nähern, muss man selbstständig bremsen oder den Tempomat entsprechend herunterregeln, um nicht gegen das andere Auto zu fahren. Der Abstandsregeltempomat hingegen erkennt durch Sensoren, wenn man sich einem Auto nähert und verringert dann automatisch die Geschwindigkeit, um den vorgeschriebenen Sicherheitsabstand einzuhalten. Das ist insbesondere im Stau oder Stopp-and-Go-Verkehr hilfreich und bequem. Man „schwimmt" einfach automatisch im Verkehr mit, so wie er gerade fließt: Wenn der vordere Wagen anhält, hält das eigene Fahrzeug auch an und fährt automatisch wieder los, wenn es der vordere Wagen auch tut.

Die Funktion „Adaptive Cruise Control" nutzt verschiedene Sensoren, Informationen aus Steuergeräten und das Navigationssystem, um die Geschwindigkeit des eigenen Fahrzeugs entsprechend der Verkehrssituation anzupassen. Dabei kann das Auto innerhalb einer Entfernung von etwa 250 m registrieren, ob dort derzeit ein anderes Fahrzeug ist.

Die „Adaptive Cruise Control" ist kein Ersatz für Müdigkeit, das ist wichtig zu erwähnen. Auch wenn solche Assistenzsysteme wie „Adaptive Cruise Control" Autofahrer entlasten, ersetzen sie aber nicht ihre nötige Aufmerksamkeit. Besonders wenn man als Fahrer müde wird, sollte man sich nicht auf die Assistenzsysteme verlassen, sondern sofort eine angemessene Pause einlegen, da man ja nicht mehr fahrtauglich ist.

Die Kraft der Pause ist wohl der wesentliche Beitrag zur Verkehrssicherheit. Die E-Mobilität leistet hier einen wesentlichen und aktiven Beitragl. Das Laden der Antriebsbatterie auf langen Strecken zwingt zur Pause und macht so die Straßen sicherer.

8.6 Reichweite maximal nutzen, aber wie?

Reichweite ist DAS Thema in der laufenden Antriebswende. In allen mir bekannten Befragungen kommt dieses Thema gebetsmühlenartig an erster Stelle. Das Warum ist klar: Über 30 Jahre wurde den Autofahrerinnen in den Autohäusern und der Werbung erklärt, dass Reichweite das Merkmal für effiziente Motorentechnik ist. Wie stolz war man bei Volkswagen, als der VW Passat Ende der 90er-Jahre mehr als 1000 km an Reichweite anzeigte. Nicht nur der Hersteller auch die Fahrerinnen. So konditioniert soll nun die Antriebswende zum Elektromotor mit Akku gelingen?

Egal wie viele Statistiken es gibt, die Reichweite war und es scheint, dass es immer noch so ist, das Maß der Dinge zu sein. Fakt ist, dass über 90 % aller täglichen Fahrten unter 100 km sind, mehr als 50 % sogar unter 24 km. Jedes, wirklich jedes am Markt erhältliche Fahrzeug leistet diese Reichweiten.

Die neuen Generationen zeigen zum Thema Reichweite deutliche Verbesserungen. Die Antriebsakkus sind in der Energiedichte deutlich besser geworden, nicht jedes E-Auto hat die riesigen Motorleistungen. Das alles führt, maßgeblich beeinflusst vom Gaspedal, zu mehr Reichweite. Der Wandel ist sogar so dramatisch, dass moderne Elektroautos mehr als genug Reichweite für den täglichen Gebrauch haben – und für längere Fahrten auf der Autobahn.

Die meisten Besitzer eines Elektroautos können ihr Fahrzeug wahrscheinlich über Nacht aufladen, ohne sich Gedanken darüber machen zu müssen, wie viele Kilometer Reichweite sie noch haben, wenn sie unterwegs sind. Das Laden und die Ladetechnologie sind meines Erachtens nach die wichtigsten Kenngrößen bei der Wahl eines Elektroautos.

Aber ähnlich wie bei einem Benzinauto muss man manchmal aufpassen, wie weit man mit einer einzigen Ladung fahren kann. Mit einfachen Tipps kann die Reichweite erhöht und die Batterie geschont werden. Die Frage ist, wie kann ich als Fahrer die Reichweite der Antriebsbatterie aktiv verbessern beziehungsweise maximal nutzen.

Also worauf achten?

Fokus auf Effizienz, nicht auf Batteriekapazität

So wie es alle möglichen Arten von Verbrennungsmotoren gibt, sind auch nicht alle Elektromotoren gleich. Und das Design eines Autos hat viel mit seiner Effizienz zu tun: Große, kastenförmige Autos mit einer großen Frontfläche haben viel mehr Luftwiderstand als schlanke, stromlinienförmige Fahrzeuge (Abb. 8.4).

Das bedeutet, dass zwei Autos mit der gleichen Batteriegröße meist unterschiedliche Reichweiten haben. Achten Sie bei einer anstehenden Anschaffung nicht nur auf die Größe des Akkus, sondern auch auf die angegebene Reichweite und insbesondere auf die Effizienz des Autos. Diese wird in km/kWh angegeben, und je höher, desto besser. Im Moment ist alles, was nahe an 6,4 km/kWh liegt, beeindruckend.

Langsamer ist schneller

Dieser Grundsatz gilt beim E-Antrieb im Besonderen. Langsam fahren verbraucht weniger Energie, viel weniger.

Es geht um Aerodynamik: Der Luftwiderstand eines Autos steigt mit dem Quadrat der Geschwindigkeit. Wenn Sie also mit 112 km/h auf der Autobahn fahren, erzeugen Sie viermal so viel Luftwiderstand wie bei einer Geschwindigkeit von 56 km/h.

Wird die Geschwindigkeit auf langen Reisen um einen relativ kleinen Betrag verringert, hat das einen großen Einfluss auf die Effizienz. Sie erinnern sich, im Kap. 7.9 wurden Effizienz und Reichweite schon diskutiert. Wenn Sie also etwas langsamer fahren, verlängert das die Reisezeit nicht. Langsameres Fahren resultiert in mehr Reichweite und das verursacht weniger Ladestopps. Noch dazu werden Sie auch viel entspannter ankommen (Abb. 8.5).

Der Fahrmodus macht's aus

Alle modernen Elektroautos bieten eine Reihe von Fahrmodi an, die ein ganzes Bündel an Einstellungen am Auto vornehmen. Dabei geht es immer um den Energieverbrauch. Die Bezeichnungen variieren, und so etwas wie eine „Eco"-Einstellung – die, wie der Name schon sagt, das Auto so sparsam wie möglich macht, gibt es ziemlich sicher.

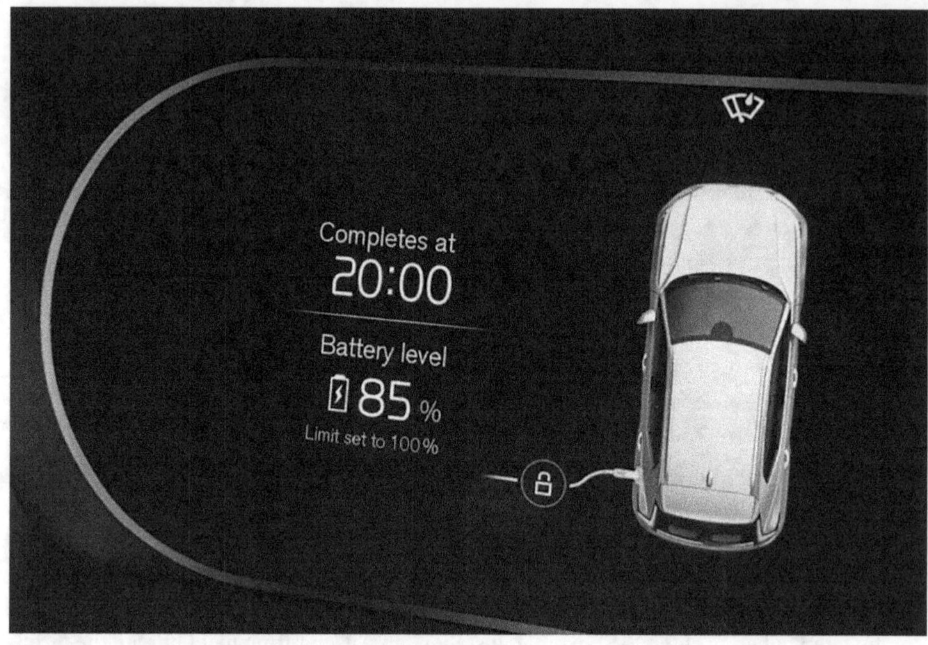

Abb. 8.4 Effizienz geht vor Batteriekapazität und damit ist oft langsam schneller. © Peter Farbowski

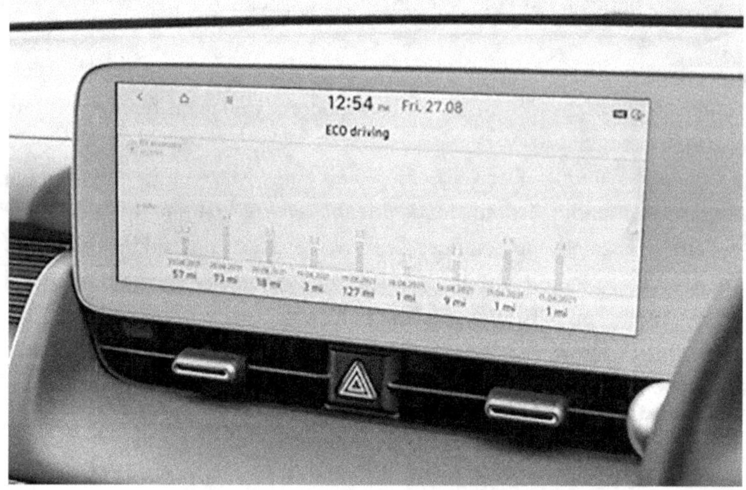

Abb. 8.5 Langsamer ist schneller. © Peter Farbowski

Die Eco-Modi begrenzen oft die Geschwindigkeit und die ultimative Leistungsabgabe und schalten möglicherweise Funktionen aus, die viel Akku verbrauchen – wie z. B. die Heizungseinstellungen.

Segeln oder Rekuperieren

Die meisten Elektroautos verfügen über eine Form von regenerativem Bremsen. Dabei wird die kinetische Energie, die beim Abbremsen entsteht, in Strom umgewandelt, der zum Aufladen der Batterie verwendet werden kann. Das geht so weit, dass das E-Auto nur mit dem Gaspedal gefahren werden kann. Ähnlich wie bei der Carrera-Modellautobahn in unserer Jugend, kann ein E-Auto so gefahren werden. Drückt man den „Drücker", wird das Modellrennauto schneller, lässt man los, bleibt es stehen. Der „Drücker" ist das Gaspedal. Dieser Fahrmodus ist für den Stadtverkehr hervorragend geeignet. Es ist ein bisschen gewöhnungsbedürftig, wenn man es noch nie benutzt hat, aber es lohnt sich in jeden Fall.

Verfügt das E-Auto über Brems-Paddles am Lenkrad, dann ist Segeln angesagt. Dabei ist die Rekuperation völlig ausgeschaltet und das E-Fahrzeug rollt fast ungebremst dahin. Die Rekuperation wird durch die Paddles am Lenkrad gesteuert. Auf Freilandstraßen und Autobahnen ist das Segeln ohnedies der perfekte Fahrmodus.

Wie die Bremsenergie am besten genutzt wird, ist unterschiedlich. Auf kurvenreichen Straßen oder in Städten, wo Sie viel bremsen müssen, sollten Sie die maximale elektrische Bremskraft nutzen. Auf Autobahnen ist es eben empfehlenswert, das Auto eher auf Ausrollen, das ist der sogenannte Segel-Modus, einzustellen, damit die kinetische Energie zum Weiterfahren genutzt wird, wenn das Gaspedal nicht gedrückt wird.

Antizipieren

Vorauszuschauen ist beim Fahren mit E-Autos eine wichtige Tugend. Das Verkehrsgeschehen aktiv und aufmerksam zu verfolgen, nach vorne zu schauen und Situationen zu erfassen, hilft im Übrigen nicht nur beim Fahren mit Elektroantrieb, es hilft in jedem Fall. Mini hat diese in einer OnBoard-Gamification umgesetzt. Mit einer Nudging-Software wird der Fahrer zum Sammeln von Sternen angeregt, die die Antizipation fördert. Lernen Sie, die Straße zu lesen. Es ergibt keinen Sinn, stark zu beschleunigen, wenn Sie sich einer Autoschlange an einer Kreuzung nähern und stark bremsen müssen. Sie verbrauchen mehr Energie und bleiben länger stehen.

Geht man früh vom Gas und lässt das Auto sich durch die Rekuperation verlangsamen, so ist das Fahren entspannter und energiesparend. Und es wird sogar noch in die Batterie geladen.

Weniger ist mehr und der rechte Fuß

Eine der wesentlichen Einflussgrößen in Sachen Reichweite ist der Luftwiderstand. Dieser ist von der „projizierten" Fläche abhängig. Fläche wird in Quadratmetern gemessen und beeinflusst damit auch den Verbrauch der eingesetzten Energie. Der Luftwiderstand steigt mit dem Quadrat, die eingesetzte Energie sogar mit dem Faktor „hoch" drei.

Wer also die Reichweite maximieren will, sollte es etwas ruhiger angehen lassen. Also Vorsicht mit der Benutzung des Gaspedals und mit dem Spiel des rechten Fußes.

Autos sind groß und schwer, deshalb wird viel mehr Energie benötigt, um sie schnell zu beschleunigen. Elektroautos reagieren darauf zwar weniger empfindlich als Autos mit Verbrennungsmotor, aber es ist trotzdem ein nützlicher Tipp.

Achten Sie auf das Wetter

Das klingt seltsam, aber Elektroautos sind extrem effizient und reagieren auf Umwelteinflüsse sehr sensibel. Ein Auto mit Verbrennungsmotor erzeugt mechanische Energie. Mithilfe des Generators wird daraus Strom erzeugt. In diesem ineffizienten Prozess entsteht jedoch eine Menge überschüssige Wärme, von der ein Teil in den Heizsystemen des Fahrzeugs genutzt werden kann. Anders in E-Autos. Der Elektromotor ist so effizient, dass nicht genug überschüssige Wärme erzeugt wird, um sie für die Heizung des Fahrzeugs nutzen zu können. Wenn Sie also die Heizung einschalten, zieht diese Strom aus der Batterie und verringert die Reichweite Ihres Elektroautos.

Wenn Sie nicht frieren möchten, suchen Sie nach einem Elektrofahrzeug mit Sitz- oder Lenkradheizung. Da sie die Energie auf eine kleinere Fläche übertragen, anstatt sie durch den Innenraum zu pusten. Es geht um Kubikmeter, das bedeutet Energie hoch drei. Die kleinen Flächen mit direktem Kontakt sind viel effizienter beim Aufwärmen.

Für mich war die Erkenntnis, dass der Scheibenwischer zehn Prozent der Reichweite abknabbert, wirklich überraschend. 2022 wurden in manchen Elektroautos sehr billige E-Motoren für den Antrieb der Scheibenwischer verbaut. In Summe hat das bestimmt viele Millionen bei der Herstellung des Fahrzeuges eingespart. Diese einfachen und ineffizienten Motoren hatten jedenfalls eine gravierende Auswirkung auf die Effizienz beziehungsweise auf die Reichweite des E-Fahrzeuges.

In kalten Regionen unbedingt auf die Wärmepumpe achten

Kaltes Wetter bedeutet auch, dass es länger dauert, bis die Autobatterie warm wird und die effizienteste Betriebstemperatur erreicht. Eine Wärmepumpe an Bord hilft!

Viele Elektroautos sind inzwischen optional oder serienmäßig mit einer Wärmepumpe ausgestattet, und es lohnt sich, darauf zu achten. Sie saugen Luft an, komprimieren sie und nutzen die dabei entstehende Wärme, um die Batterie und bei Bedarf auch den Innenraum zu heizen. Das bedeutet, dass Sie mehr Kilometer aus Ihrer Batterie herausholen können und es dabei wärmer ist.

Prüfen Sie Ihre Reifen

Die Reifen sind bei jedem Auto die entscheidende, weil einzige Verbindung zwischen dem Auto und der Straße. Wirklich wichtig ist, dass Reifen nicht mehr Reibung oder Widerstand erzeugen als nötig und dennoch für die gewohnte Sicherheit und kurze Bremswege sorgen. Mit den vom Hersteller empfohlenen Reifen ist diese Kombination mit hoher Sicherheit gegeben, geringer Rollwiderstand trotz guter Haftung. Es müssen nicht unbedingt spezielle EV-Reifen sein, aber es ist darauf zu achten, dass sie angesichts des zusätzlichen Gewichts von E-Fahrzeugen dafür geeignet sind.

Auch der Reifendruck hat maßgeblichen Einfluss auf die Reichweite. Der muss stimmen, sonst entsteht, wenn er zu niedrig ist, zusätzliche Reibung oder zu geringe Haftung, wenn der Fülldruck zu hoch ist.

Wählen Sie ihre Route

Wer eine lange Reise vor sich hat, setzt sich in der Regel in das Auto, befragt das Navi – egal ob das fahrzeugeigene oder Google Maps auf dem Handy – und wählt die Standardoption. Aber das bedeutet nicht immer, dass es auch die Beste ist.

Der Algorithmus externer Systeme schlägt meist eine Route vor, die nicht zwingend zum Elektroauto passt. Manchmal landet man auf Straßen, die häufiges Bremsen und Beschleunigen verlangen. Bei Navis, die fix im Auto verbaut sind, ist diese Gefahr zu vernachlässigen. Die vorgeschlagene Route ist auf den E-Antrieb und den gewählten Fahrmodus abgestimmt.

Bei externen Systemen wie Tom-Tom oder Internet-Routenplanern ergibt es Sinn, sich ein paar Minuten Zeit zu nehmen, um die gewählte Route auf Plausibilität zu prüfen. Einige Kartensysteme schlagen die effizientesten Routen vor. In Google Maps kann sogar angegeben werden, dass man mit einem Elektroauto unterwegs ist. Es könnte ein paar Minuten länger dauern, aber es könnte auch deutlich weniger Energie verbrauchen.

Den Stecker ziehen

Dem aufmerksamen Leser ist im Kapitel „Das Wunder des Landes“ nicht entgangen, dass Schnellladen „auf Strecke“ nur im Falle von Vollladezyklen, also von null bis 100 % „State of Charge“ einen Impact auf die Hochleistungsbatterien hat. Wer eine lange Reise macht, wird unterwegs öfter mal anhalten, unabhängig davon, ob man muss oder nicht. Biologisch ist es dann doch ab und zu notwendig, zu müssen. Wer „rastet“ und die Möglichkeit hat, an die Steckdose zu gehen, sollte das unbedingt nutzen. Das nimmt jedenfalls die Reichweitenangst für den Rest der Reise.

An diesem Punkt, genau an diesem Punkt, ist moderne On-Board-Ladetechnologie von entscheidender Bedeutung. Durchschnittlich liegt die Leistung, die ein Schnelllader abgibt, bei zirka 150 Kilowatt. Bei einer Ladezeit von, nehmen wir mal an 20 min, kommen damit 50 Kilowattstunden in die Batterie. Natürlich ist das ein rechnerischer Wert unter optimalen Bedingungen. Defacto werden etwa 45 bis 48 Kilowattstunden geladen. Bei einem durchschnittlichen Verbrauch von 15 Kilowattstunden je 100 km, ist das eine Reichweite von mindestens 300 Kilometern.

Ein üblicher Tankstopp an einer Raststätte dauert aus Erfahrung unter optimalen Umständen zehn bis 15 min. Und wenn schon eine Pause, dann auch Toilette. 50 bis 70 Cent kostet das Erleichtern, die investieren wir in einen Cappuccino, alles bezahlen, zurück zum Auto. Blick auf die Uhr, 20 min! Das dauert also gleich lange wie beim Laden. Auch die E-Autofahrer haben samt Kaffee alles genossen.

Viele Neulinge im Bereich der Elektromobilität denken beim Tanken oft wie bei einem Benziner: Sie fahren, bis die Tankleuchte aufleuchtet, halten dann an und füllen den Tank auf. Aber die effizienteste und einfachste Art, ein Elektroauto zu nutzen, ist oft, es in kleinen Mengen aufzuladen. Dank der Initiativen privater Anbieter wird das Ladenetz immer dichter.

Damit das Laden auch schneller gehen kann, ist ein Netz von Schnellladern wichtig. Damit wird der unkomplizierte tägliche Einsatz der E-Mobilität sichergestellt und brauchbar. Die Ladegeschwindigkeit eines Elektroautos verlangsamt sich drastisch, wenn die Batterie etwa 80 % erreicht hat (siehe Kapitel: Das Wunder des Ladens), um die Lebensdauer des Geräts zu schützen. Es kann also schneller sein, ein paar kleine Ladestopps einzulegen als einen großen zu planen (Abb. 8.6).

Abb. 8.6 IONITY Schnellader an der Autobahn, ©Ionity

9 Die Geschichte der Elektroantriebe

Die Geschichte des Elektroantriebs reicht weit in das 19. Jahrhundert zurück. Das habe ich schon zu Beginn des ersten Kapitels erwähnt. Die Österreichische Daimler-Motoren-Gesellschaft ein zentraler Player. 1928 fusionierte Austro-Daimler mit den Grazer Puch-Werken zur Austro-Daimler-Puchwerke AG und besetzte mit Ferdinand Porsche als technischer Direktor eine entscheidende Stelle, aus heutiger Sicht sehr prominent.

In einer Zusammenarbeit zwischen Austro-Daimler und den Lohner-Werken, einem zur damaligen Zeit zweiten wichtigen Player im Österreichischen Wagnerei-Gewerbe, entstand ein äußerst bemerkenswertes Fahrzeug. Ferdinand Posche und Ludwig Lohner entwickelten anlässlich der Weltausstellung in Paris 1899 einen Kleinwagen mit Elektroantrieb. Als Technologie wurde ein Radnabenmotor an der Vorderachse eingesetzt. Die Batterie wies beachtliche technische Daten auf: 80 V aus 44 Batteriezellen und 300 Amperestunden Kapazität. Damit erreichte der vorderradgetriebene Lohner-Porsche stattliche 50 km/h bei einer Reichweite von 50 Kilometern. Mit 410 kg war der Bleisäure-Akkumulator vergleichsweise schwer zu heutigen, modernen Antriebsbatterien. Eine 80-Kil owattstunden-State-of-the-Art-Batterie wiegt nur noch 200 kg bei 80.000 Amperestunden. Das Fahrzeug trug ab 1900 übrigens den Namen „Phaeton“ und ist noch heute im technischen Museum in Wien ausgestellt.

Ferdinand Porsche und Ludwig Lohner überraschten bereits 1902 mit dem ersten Hybridfahrzeug der Welt! Sie entwickelten den Mixte-Wagen und den Semper Vivus zur Serienreife.

Alle Autohersteller, haben sich in der Genese der Mobilität und der Technologieentwicklung intensiv mit dem Elektroantrieb beschäftigt. Eine wirkliche Neuerung war das nicht, es war ein Blick in die Geschichte. Denn, wie schon erwähnt, war der Elektroantrieb vor dem Konzept mit den Verbrennungsmotoren im Einsatz. Irgendwas muss der E-Antrieb ja haben, dass er nun wieder auftaucht. Ja, er hat was, nämlich bei weitem höhere Ef-

P. Farbowski, *Gekommen, um zu bleiben!*,
https://doi.org/10.1007/978-3-658-51916-2_9

fizienz. Darum haben sich eben auch alle Hersteller mit E beschäftigt. Ein kleiner Überblick über die Automodelle mit Elektroantrieb seit 1972 (Abb. 9.1).

BMW 1602 aus 1972 anlässlich der Olympischen Spiele in München. Der BMW 1602 wurde bei den Spielen als VIP-Shuttle eingesetzt. Deutschland hatte bei den Olympischen Spielen in München das erste Mal das Thema Nachhaltigkeit im Fokus. Leider sind diese Spiele nicht wegen des Nachhaltigkeitskonzeptes in die Geschichte eingegangen.

Gemeinsam mit dem Batteriehersteller VARTA wurde das Energiepaket, das den BMW 1602 versorgen sollte, konzipiert. Damals noch weit weg von Lithium-Ionen-Akkus. Der 1602 wurde mit Blei-Säure-Batterien betrieben. Gesamtladekapazität 12,6 Kilowattstunden. Das Laden erfolgte mit der maximalen Leistung von 3,7 Kilowatt und dauerte für die Reichweite von knapp 80 Kilometern vier Stunden.

Auch Volkswagen hat sich schon früh mit dem Elektroantrieb beschäftigt. 1976 wurde der VW Golf I mit einer Leistung von 20 Kilowatt hergestellt. Ähnlich wie der BMW 1602 schafft es auch der Golf CityStromer nicht in die Verkaufsräume. Nur 20 Exemplare wurden gebaut (Abb. 9.2).

Bis 1986 dient der erste E-Golf als Versuchsfahrzeug für Batterie- und Motortests.

Die italienische Marke Fiat wollte den Entwicklungen um die Elektrifizierung von Fahrzeugen nicht nachstehen. Angesichts der Ölkrise Anfang der 70er-Jahre begann Fiat, nach anderen potenziellen Antriebsquellen für seine Autos zu suchen. Das Ergebnis war das Konzept X1/23. Der 1974 auf dem Turiner Autosalon vorgestellte X1/23 wurde von Gian Paolo Boano entworfen.

Abb. 9.1 BMW 1602 schon 1972 mit E-Motor. © Gudrun Muschalla

Abb. 9.2 VW Golf aus 1981 mit E-Antrieb, ©Volkswagen

Das zweisitzige Stadtauto war ein reines Elektroauto mit einem Elektromotor vorne und einem Blei-Säure-Akkupack hinten. Die Reichweite betrug bis zu 70 km. Das Auto war nur 2,5 m lang und die Fenster ließen sich nicht öffnen, deshalb war eine Klimaanlage eingebaut.

1990 wurde der Fiat Panda elettra vorgestellt. Angetrieben von zwölf Sechs-Volt-Blei-Gel-Batterien und einem kleinen E-Motor schaffte der Panda bis zu 70 km Reichweite. Bis zu! Beeindruckend waren die aufwendige Thyristorsteuerung und das Gewicht von 1240 kg. Zum Vergleich, der Panda mit Verbrennungsmotor wog schlanke 700 Kilo! Damals war das Auto hübsch! Diese gravierenden Gewichtsunterschiede gibt es mit den modernen Lithium-Ionen-Akkus nicht mehr.

Peugeot wollte auch mitmischen. Der französische Hersteller beeindruckte mit einer „Powerbank von 3 × 3 plus 1, gesamt also zehn Lithium-Metall-Batterien! Diese versorgten den Elf-Kilowatt-Gleichstrommotor des 106 électrique und schafften stolze 120 km Reichweite. Bei Citroën wurde das Fahrzeug als AX électrique angeboten.

Vertieft man sich in die frühe Geschichte der Elektromobilität, findet man die volle Breite fast aller Fahrzeughersteller der Zeit zwischen 1820 bis 1920. Hersteller aller Kontinente entwickelten Fahrzeuge mit E-Antrieb. Thomas Alvar Edison war es, der um 1900 mit seiner Nickel-Eisen-Batterie zum ersten Mal die 1000 km Reichweite knackte. Der 1,5-Kilowatt-Motor sorgte für die damals üblichen 25 km/h. Beeindruckend!

9.1 Reparatur und Wartung

Reparaturen und Wartung brauchen alle Fahrzeuge, auch Elektroautos. Die Ausbildung für die Spezialistinnen, die am elektrischen System arbeiten dürfen, ist aufwendig und teuer. Die Spannungen, wir erinnern uns an das Ohm'sche-Gesetz, sind bei Elektroautos wirklich hoch. Dazu das gewaltige Speichervermögen der Antriebsbatterien. Meist dauern die Eingriffe nur kurz, die diese hochausgebildeten Personen machen. Sie sind eine Kombination aus IT-Profi und einem Hochspannungselektroniker.

Der Eingriff an den mechanischen Systemen, die ein elektrifiziertes Auto genauso hat, sind dieselben wie die bei Verbrennungsmotoren und bedürfen keiner oder kaum einer Zusatzausbildung. Was ist davon übriggeblieben: die Bremsanlage inklusive Feststellbremse, Radlager, Radaufhängung, Scheibenwischer und die niederspannungsführenden Teile wie Lichter, Heizung, Klimaanlage, Lenkung.

Reparaturkosten für E-Autos, gemeint sind damit Ersatzteile und die Arbeiten bei der Instandsetzung nach einem Unfall (vergl. Ö1 Mittagsjournal vom 24. Juli 2024). Gesamt sei die Reparatur um 25 % teurer als bei Verbrennern, so der Verband deutscher Versicherer. Die erhöhten Kosten werden von der schon angesprochenen teuren und notwendigen Ausbildung zum Hochvolt-Techniker verursacht. Auch die Arbeit an verunfallten Fahrzeugen braucht ohnedies schon Spezialisten, umso mehr, wenn von einem Unfall auch die Antriebsbatterie betroffen ist. Die fortführenden Schulungen der Hersteller, die Spezial-Werkzeuge und die hochvoltgerechte Ausstattung der Arbeitsplätze erhöhen die Gestehungskosten der Arbeitsstunde. Die gute Nachricht dazu ist, dass Unfallreparaturen in den meisten Fällen von Versicherungsdienstleistern getragen werden.

Im Zusammenhang mit Reparaturen ist auch die eindeutige Bestimmung des Zustandes der Antriebsbatterie von entscheidender Bedeutung. Die Antriebsbatterie ist DAS preisbestimmende Bauteil bei einem E-Auto.

Batterien werden erst dann gefährlich, wenn thermisch erhöhte Werte festgestellt werden. Meist dauert es dann bis zur Entzündung nicht mehr lange. Die thermische Überwachung ist damit nach einem Unfall, während und nach der Reparatur für die Sicherheit essenziell. Muss ein E-Auto wegen Brand in einen Löschcontainer, bedeutet das den Totalverlust des Fahrzeuges. Diese Löschcontainer werden in einer breit angelegten Zusammenarbeit in einem Forschungsprojekt der Abfallentsorger, Aufbereiter, Hersteller, den Feuerwehren und der technischen Universitäten entwickelt. Erste Prototypen gibt es schon am Markt. Die Entwicklungsgeschwindigkeit der Antriebstechnologie ist jedoch atemberaubend und so müssen auch die Löschcontainer ständig weiterentwickelt werden.

Erfreulich ist, dass die Versicherungsprämien für e-mobile Fahrzeuge deutlich günstiger sind als jene für vergleichbare Verbrenner. Auch die Kosten für Wartung und Service liegen deutlich günstiger im Vergleich zu Autos mit Benzin- oder Diesel-Motoren.

10 Was sagt die Branche, was sind die Unterschiede?

Die EU wollte ab 2035 Neuzulassungen von traditionellen Verbrennern verbieten. Neuwagen mit klimaneutralen E-Fuels werden dann weiterhin erlaubt sein. Der Flaschenhals ist allerdings die Verfügbarkeit der E-Fuels.

Porsche- und VW-Chef Oliver Blume begrüßt die Pläne und fordert nun eine verbindliche Gesetzgebung in Richtung E-Mobilität. Bis heute kämpft Oliver Blume damit, diese Gesamtstrategie in den Aufsichtsorganen der Volkswagen Gruppe verständlich zu machen. Vor allem die Vertreter der Gewerkschaften und der Politik in den Aufsichtsräten machen es schwer, das Bekenntnis zur E-Mobilität erfolgreich umzusetzen.

Also der Porsche-Chef Oliver Blume unterstützt den Kurs der EU-Kommission beim geplanten Verbrennerverbot. Blume findet es richtig, dass die EU 2035 an der Elektromobilität festhält, aber andere Technologien einbezieht.

Synthetische Kraftstoffe könnten, seiner Meinung nach, gerade bei Fahrzeugen im Bestand helfen, sofort etwas für den Klimaschutz zu tun. Hier weicht Blume dann sein Bekenntnis zur Elektromobilität doch auf. Dieser Schlingerkurs des Vorstandes und der Politik macht es für einen der größten Autohersteller der Welt nicht leicht, in wirtschaftlich herausfordernden Zeiten zu bestehen. Schon der Herbst 2024 hat die Probleme zutage gebracht. Probleme, die nicht nur vom Markt und der Politik gemacht sind.

Entscheidungen dauern zu lange, machen die Verwaltung und das Produkt teuer und so verpasst Volkswagen auch Marktchancen. Volkswagen ist aber nur ein Synonym für die europäischen Automobilhersteller, die einstmals weltweit die Vorzeigeindustrie waren! Neben der Volkswagengruppe meldeten auch BMW und Mercedes einbrechende Gewinne im vierten Quartal 2024.

Die „Bank" des chinesischen Marktes und die Verliebtheit in die europäischen Marken ist schnell weggebrochen. China hat, wie schon an anderer Stelle erwähnt, 25 % des staatlichen CO_2-Ausstoßes reduziert. Ein wesentlicher Teil davon kommt aus dem Verkehr, der

P. Farbowski, *Gekommen, um zu bleiben!*,
https://doi.org/10.1007/978-3-658-51916-2_10

in China deutlich im Wachsen ist. Allerdings wachsen die Elektromarken und Modelle. Das Beharren auf den Verbrennungsmotor, egal mit welchem Treibstoff befeuert, hat einen der größten und am schnellsten wachsenden Märkte für die verschlafenen Mitteleuropäer beinahe unerreichbar gemacht.

Blume, Vorstandsvorsitzender des Volkswagen-Konzerns, meint, dass technologisch und in Bezug auf den Klimaschutz der Kurs allerdings klar in Richtung E-Mobilität geht.

Die gering verfügbaren Mengen synthetischer Kraftstoffe schließen eine Verwendung in der großen Breite an Fahrzeugen aus. Noch dazu sind die E-Fuels in der Produktion sehr teuer. Denkbar sei der Einsatz bei Nischenprodukten.

Blume will Volkswagen robuster aufstellen. Dazu hat der VW-Chef ein beispielloses Sparprogramm im September 2023 angekündigt. Mit der Aufkündigung der Job-Garantie ist ein 30 Jahre altes Tabuthema angegriffen worden. Stellenabbau und Werksschließungen, die vielleicht schon längst überfällig waren, sollen nun durchgesetzt werden.

Die „Großen Drei" in Deutschland, die sich vor kurzem noch auf ein Verbrenner-Bierchen getroffen hatten, haben alle Händevoll zu tun, den Anschluss an den Rest der Welt nicht zu verlieren. Unbestritten ist, dass die führende Technologie im Automobilbau mehr als 100 Jahre aus Europa, genau genommen aus Deutschland, kam.

Tesla hat mit einem völlig neuen Zugang zum Thema Automobil, spätestens nachdem Elon Musk als Mehrheitseigentümer im Jahr 2008 die Zügel in die Hand nahm, den „Etablierten" gezeigt, wie „Neu" man Automobil denken kann. Autos als Datengeneratoren für Mobilität, das Verdichten dieser Daten und der Verkauf des neuen „Golds" im großen Stil, haben ungeahnte Bewertungen eines, damals, Nischenherstellers am Finanzmarkt möglich gemacht. Jeder Tesla, der weltweit auf irgendeiner Straße unterwegs ist, sammelt Bewegungsdaten, Telemetriedaten, Mobilitätsdaten und so weiter. Bei jedem Ladevorgang an einem Tesla-Supercharger werden die Daten, die nicht schon „over the air" in den Dataminig-Rechnern ankamen, übertragen.

Als gelernter Informatiker hat Musk mit seinem Team die Daten auch lernen lassen, also verdichtet und mit gezielten Algorithmen zur KI weiterentwickelt. Ein Modell, das mittlerweile fast alle neuen Marken aufgegriffen haben.

Die chinesischen Hersteller haben zu dem noch erkannt, dass sie mit der veralteten Verbrenner-Technologie nicht groß gewinnen können. Die Konzentration auf den E-Antrieb war die logische Konsequenz. Gezielt wurde in die neue Technologie investiert, diese mit dem Knowhow der Europäer weiterentwickelt und zur Marktreife gebracht.

Knowhow aus Europa? Schon in den späten 1970-ern hat die westliche Industrie damit begonnen, in das Billiglohnland China zu investieren. Das geltende Regulativ in der asiatischen Volksrepublik hat dafür gesorgt, dass neugegründete Joint-Ventures mindesten 50 % Gesellschaftsanteil eines „Chinesen" haben müssen. So wurden Gewinne und auch Wissen im Land behalten. Wissen, Qualität und Prozesse wurden mit den Gewinnen aus den gemeinsamen Unternehmen finanziert. Geringe Renditen haben die erfolgsverwöhnten Investoren aus dem guten alten Westen wieder aussteigen lassen. Heute ist der allergrößte Teil der asiatischen Autohersteller fest in eigenen, asiatischen Händen.

Was machen die chinesischen Hersteller so anders, was macht sie so erfolgreich? Alles, was chinesische Hersteller von den europäischen Partnern gelernt haben, wurde ständig weiterentwickelt. Fehler, die gemacht wurden, werden nun vermieden. Fehler, die gemacht werden, sind, ganz im Sinne des asiatischen Kai-Zen, Quelle des Lernens. Sicherlich einer der wesentlichsten Unterschiede zu den europäischen Herstellern ist, dass Entscheidungen schnell fallen, sehr schnell. Das Ziel zu erreichen ist im Fokus, nicht das Rechtfertigen des eigenen Arbeitsplatzes.

2024 kamen die etablierten Autohersteller aus allen Regionen der Welt gehörig unter Druck. Die chinesischen Hersteller lernten vor allem von den Europäern die Fabrikation von Autos. Dazu gehörten neben den stringenten Prozessen auch die Qualitätskontrolle und das Design. Schnell erkannten sie, die sehr weit entwickelte Technologie des Antriebs mit Verbrennungsmotoren, egal ob Benzin oder Diesel, den Europäern, Japanern und den USA zu überlassen.

Reüssieren kann die sehr quirlige und schnell agierende chinesische Autoindustrie mit neuer Technologie. So flossen erhebliche Mittel in das Research- & Designbudget (R&D). Aktuelle Technologien für den Elektroantrieb wurden infrage gestellt, neue Zugänge geschaffen und neue technische Lösungen zur Serienreife geführt. Das alles in Windeseile! Entscheidungen mit gravierenden Auswirkungen wurden in schlanken Boards schnell gefällt. Schnell bedeutet für Technologieentscheidungen drei Wochen bei chinesischen Herstellern im Vergleich zu mehr als neun, ja neun, Monaten bei einem namhaften deutschen Hersteller, für ein und dieselbe Entscheidung. Da scheinen dann doch nicht alle mitteleuropäischen Krisen als Krisen der Rahmenbedingungen. Da ist vieles doch hausgemacht.

Dass 2024 Volkswagen in seiner großartigen und sehr erfolgreichen Geschichte Werke schließen musste, ist schade. Meines Erachtens haben die unsichere und sehr volatile Rechtslage großen Einfluss, die aber die europäische Automobilindustrie nicht daran hindert, die Initiative in Richtung E-Mobilität zu ergreifen. Die komplexen, teilweise sogar komplizierten Entscheidungswege, haben zusammen mit den vielen Gremien und Boards, die ihre Existenz und Position alle rechtfertigen wollen, dramatischen Einfluss auf die notwendige Geschwindigkeit in der Transformation.

Oliver Blume hat in einem Interview ein Beispiel für Volkswagen skizziert. Das Bord of Directors trifft sich einmal im Jahr, um eine ganze Reihe operativer und strategischer Themen zu besprechen, also nicht zu entscheiden. Nein, es wird besprochen, obwohl es doch um die zukünftige Ausrichtung des Konzerns geht. Dafür habe Herr Blume eine klare Vorstellung. Volkswagen soll zum weltweit führenden automobilen Technologiekonzern aufgebaut werden. Die Volkswagen Group will die besten Technologien und Services nachhaltig in die Gesellschaft bringen. Übrigens, BYD hat das schon lange geschafft, Tesla ebenso. Vielleicht fahren die Züge des internationalen Starlight Express Electra aus den USA und China schon mit voller Geschwindigkeit, während sich der deutsche ICE erst in Bewegung setzt.

Wie Albert Einstein schon sagte, können Probleme nicht mit den- selben Denkmustern gelöst werden, wie sie entstanden sind. Ja, die europäische Automobilindustrie befindet sich in einer sehr anspruchsvollen Lage. Das wirtschaftliche Umfeld hat sich nochmals deutlich verschärft. Das gilt insbesondere für die Marken im Volumensegment. Es braucht also Maßnahmen, die Prozesse und Entscheidungen zu beschleunigen. Die Etablierten werden wohl entrümpeln müssen. Das sind aber hausgemachte Probleme. Es braucht neue Maßnahmen, die einem neuen Denkmuster entspringen.

Trotz vergangener Rekordergebnisse in 2023 bei den deutschen Automobilbauern ist jetzt echtes Handeln angesagt! Zukunft gestalten, trotz finanzieller Stabilität ist das Gebot der Zukunft. Gebote der Stunde sind nicht mehr hilfreich. Auch die überbordenden Prämien der Vorstände werden unter dem Aspekt der finanziellen Stabilität zu überdenken sein. Was wirklich gebraucht wird, sind Maßnahmen, die die Zukunft gestalten und Perspektive geben. Neue Technologien und Lösungen sind zu erarbeiten. Technologisch nur aufzuholen ist kein passendes Rezept. Sonst bleibt die etablierte Autoindustrie „Burger King“ und kann ihre Position als „McDonalds“ nicht mehr erreichen. (Die Synonyme McDonalds und Burger King, stehen für den Marktmacher, McDonalds und den schnellen Verfolger, Burger King).

Ganz oben auf der Agenda der hochrangigen Manager steht die wirtschaftliche Stabilität. Die Konzerne sollen zwischen 2030 und 2040 auf zweistellige Renditen entwickelt werden. Klar, dass sich das auf die Priese der Fahrzeuge auswirken wird. Dabei wird die gesamte Kostenkette betrachtet. Alle Entwicklungs-, Überführungs-, Planungs- und Prozessschritte müssen der kritischen Kosten-Evaluierung unterzogen werden. Die Zukunft wird dazu neue Verkaufskonzepte brauchen und viel Flexibilität an allen Ecken und Kanten. Wenn es Gegenläufigkeiten gibt, ist mit zusätzlichen Maßnahmen dagegenzuhalten.

Volkswagen will zum Beispiel an den Abfindungs- und Altersteilzeitprogrammen arbeiten. Natürlich gibt es bei einer Sanierungsaufgabe auch einen Restrukturierungsaufwand. Diese Aufwände sind im Ergebnis an anderer Stelle auch wieder zu erarbeiten.

Renditeziele einzelner Marken sind zu hinterfragen, gleichzeitig wird die Branche Renditen brauchen, um in die Zukunft zu investieren. Ehrgeizige und realistische Renditeziele braucht es, die auch sicherstellen, dass Mobilität niederschwellig erreichbar bleibt. Dabei ist wie schon an früherer Stelle erwähnt, das Besitzen von Mobilität nicht mehr im Vordergrund. Mobilität erschwinglich verfügbar zu halten und aus mehreren Modulen zu „bauen“, wird die Zukunft ab 2035 brauchen. Den Menschen und der Umwelt zuliebe.

Wann und ob die großen Hersteller Werke schließen werden müssen, wird sich zeigen, Resilienz ist das, was die aktive Gestaltung der Zukunft brauchen wird. Volkswagen will nicht über Werke spekulieren, man wird sich die Zukunftsfähigkeit genau anschauen und zusammen mit den Arbeitnehmervertretern mögliche Maßnahmen erarbeiten. Es wird Entscheidungen brauchen. Entscheidungen die ein so starker Betriebsrat, wie er in der europäischen Autoindustrie etabliert ist, mitträgt. Sinn und Zweck der Maßnahmen müssen von allen Stakeholdern erkannt werden und es muss engagiert gemeinsam an der Erreichung der Ziele gearbeitet werden.

Übrigens, auch wenn Mobilität nicht mehr wirklich im Besitz sein wird, so muss die Mobilität zu leistbaren Kosten zu Verfügung stehen. Das erfordert in jedem Fall marktgerecht kalkulierte Preise für die E-Autos und die Mobilitätsangebote.

Alle Hersteller, die nicht engagiert und konsequent auf den Elektroantrieb setzen – und das mit vielen neuen Ideen, sie erinnern sich an Albert Einstein – werden ihre Zukunft verlieren. Auch der Handel mit Daten, die ja das neue „Öl" oder „Gold" sind, werden sich in einem künftigen Geschäftsmodell und in der Kalkulation der Preise spiegeln müssen. Dann werden auch die Bewertungen wieder steigen.

Hersteller, die auf veraltete Modelle setzen und nicht schnell, und damit meine ich wirklich schnell, mit neuen Lösungen und Modellen am Markt sein werden, haben bei aller Härte, ihre Existenzberechtigung verloren. MG, Morris Garage, hat diesen Lauf der Geschichte schon mal durchgemacht. Ein chinesischer Hersteller hat die Markenrechte gekauft und liefert genau das, was der Markt braucht: erschwinglich, qualitätsvolle und absolut dem europäischen Geschmack entsprechende Autos mit Elektroantrieb.

Noch spannender wird die Frage, wie künftig der Automobilhandel aussehen wird. Wie weit wagen sich hier die Hersteller nach vorne? Mit dem fast flächendeckenden Umstieg vom Handelssystem mit eigenständigen Händlern, die im eigenen Namen verkaufen konnten, auf ein Agentursystem sieht man die Bewegung zur Zentralisierung des Verkaufs über die Produzenten. Ziel dieses Trends ist wohl, dass Fahrzeuge von den Erwerbern über das Internet bestellt werden. In einem hochautomatisierten Prozess werden die Fahrzeuge zur Auslieferung @home beinahe ohne menschliches Zutun an die Konsumenten kommen. Wer der Kreis der Mobilitätskäufer künftig sein wird, ist kaum auszumachen. Natürlich wird es ein Land-Stadt-Gefälle geben. Viel klarer ist, dass in absehbarer Zeit Mobilität als quasi-öffentliches Gut angeboten werden wird. Ob in Form eines klassischen Mietkonzeptes, eines Auto- oder Mobilitäts-Aboservices oder in der Form autonom fahrender Fahrzeug-Flotten ist eine Frage der Zeit.

Die Hersteller holen nicht zuletzt aus diesem Grund den Vertrieb von Fahrzeugen so nahe an sich heran. Ein weiterer und wirklich sehr wichtiger Grund ist die Datenhoheit über die gesammelten Daten. Schon heute verfügt der Handel über ein unglaubliches Reservoir an Daten zur individuellen Mobilität. Bis heute werden diese Daten gut gehütet, mit Zustimmung der Kunden. Niemand, noch nicht einmal die großen Handelsgruppen im Autohandel sind bis heute auf die Idee gekommen, ein Geschäftsmodell mit dieser unfassbar hohen Datendichte zu etablieren. Lange wird's wohl nicht mehr dauern, bis der Autohandel einen wesentlichen Teil seiner Erträge aus dem Handel mit anonymisierten Daten starten wird. Keine Angst, die Daten, die Händler von ihren Kunden haben, dürfen ausschließlich anonymisiert, das bedeutet frei von direkten persönlichen Daten, angeboten werden. Datenpakete werden auch nur unter diesen Voraussetzungen gehandelt und erworben. Niemand will hier Klagen. Gepaart mit Künstlicher Intelligenz sind diese Daten wahre Schätze.

Sobald flächendeckend autonome Mobilität zur Verfügung steht, wird es keinen Autohandel per se mehr geben. Wer soll dann Fahrzeuge kaufen, wenn es keine Fahrer mehr gibt. Autonome Fahrdienste werden die Hersteller oder große, weltweit agierende Mobilitätsdienstleister bereitstellen. Wartungs- und Serviceangebote wird es aber weiterhin brauchen. Im Übrigen denke ich, dass diese Veränderungen nicht nur die zweispurigen Fahrzeuge betreffen werden. Autonomes Fahren mit Einspurigen ist allerdings dann doch eher unwahrscheinlich. Die Veränderungen im Handel werden wir aber auch bei den einspurigen Fahrzeugen erleben.

Für den Handel im Internet von erklärungsbedürftigen Produkten, die ein Investitionsvolumen von zirka einem Jahresgehalt ausmachen, gibt es eine ganze Menge an Anforderungen. Natürlich ist auch hier das verdichtete Wissen der Künstlichen Intelligenz für die Anbieter sehr hilfreich. Die beiden Möglichkeiten der Beratung sind Chat-Bots aus KI oder die persönliche Betreuung in den Flagship-Outlets der Hersteller. Abhängig von der Entfernung zum Store werden die Sales-Services der Produzenten von den Kaufwerbern genutzt werden.

Gegen Ende der 1990er-Jahre hat sich der Skimarkt in Österreich und der Welt gravierend verändert. Ähnlich wie im österreichischen Automarkt wurden pro Jahr etwas mehr als 300.000 Paar Ski verkauft. Der Automarkt in Österreich war bis 2019 ungefähr 300.000 Neuzulassungen groß. Von einem Jahr auf das andere reduzierte sich der heißumkämpfte Skimarkt auf knapp über 100.000 Paar Ski! Warum? Die Hälfte der fehlenden Menge ist in den Skiverleih gegangen. Diese werden zwei Mal pro Jahr verliehen und substituieren damit die fehlende Menge in Österreich. Dazu kam eine handfeste Wirtschaftskrise, bedingt durch die Ölkrise, schneearme Winter und zunehmende ausländische Mitbewerber. Die heimischen Hersteller hatten die Zeiten des Booms genutzt, die Produktionsstätten zu erweitern. Mit dem Einbruch des Marktes wurden dann die Überproduktion und die hohen Lagerbestände zum Problem der Branche. Klingt irgendwie bekannt? Diese Entwicklung ist mit deutlicher Zeitverzögerung in der Welt der Automobilhersteller in Europa und den USA angekommen.

Augen zu und durch ist eben auch heute noch kein gutes Rezept.

Mit den steigenden Preisen der Ski haben sich immer mehr Skifahrer dazu entschlossen, Ski auszuleihen, anstatt sie weiterhin zu kaufen. Im Automarkt ist diese Transformation auch schon im Laufen.

China als Autoland ist aus aktueller Sicht die Zukunft. Die Technologien ändern sich so schnell, dass diese allerdings nicht unverrückbar sind. Allerdings scheinen die asiatischen Länder den Puls der Zeit erwischt zu haben. Nicht nur China, auch Südkorea ist in der Antriebswende eines der bestimmenden Länder der Welt. Die Europäer werden ihre Strategien für China und Co neu aufstellen. Vor allem werden Kommunikationssysteme an Bord und Softwarepakete die Fahrzeuge, egal ob Verbrenner, Elektrisch und/oder autonomfahrend den Nutzen und den Wert der Fahrzeuge bestimmen. Software-Partnerschaften werden unumgänglich und die großen IT-Player werden für die Autohersteller als Partner essenziell.

Ob sich die Hersteller mit Aufholbedarf dann eher Performance- oder Sparprogramme verordnen, wird vom eingesetzten Management abhängen. Zählt der Shareholdervalue mehr als die Zukunft, wird die Innovation überschaubar bleiben. Mit Innovation meine ich nicht möglichst viel neuen Modelle. Es wird darum gehen, dass neue innovative Antriebe erdacht werden. Elektro ist dafür schon zu alt. Ich denke an wirklich innovative Lösungen, wie den „Fluxkompensator", der aus organischen Abfällen Energie erzeugt! (vergleiche „Zurück in die Zukunft", Dr. Emmet L. Brown) Viel Energie, 1,21 Gigawatt laut Doc

Brown. Flux-Geratoren haben seither Heerscharen von Wissenschaftlern beschäftigt, ob die Idee nicht doch realistisch umzusetzen wäre.

Damit man sich wieder als Treiber unter den Autoherstellern positionieren kann, wird es echte Innovation brauchen. Innovation, die wir den etablierten Herstellern zutrauen dürfen. Sie haben in den vergangenen 100 Jahren viel Neues ersonnen, serienreif und marktreif gemacht.

Die letzten Jahre haben Hersteller wie Audi, BMW, Mercedes und Volkswagen sehr herausgefordert. Die kommenden Jahre werden da nicht nachlassen, die An- und Herausforderungen werden steigen und schnelles, entschlossenes Handeln brauchen. Jammern hilft nicht, TUN schon.

Innovationen, die sich nur auf Interior und Exterieur begrenzen, Design allein ist zu wenig. Allerdings ist Design, also ein „gefälliges", marktrelevantes Fahrzeug zu bauen, eine wesentliche Voraussetzung für den Erfolg. Software und damit verbunden Data-Mining werden die nächsten Schlüssel für den künftigen Erfolg sein. Software im Konzert mit künstlicher Intelligenz wird schon bald für einen noch nie dagewesenen Bedienungskomfort sorgen. Natürlich wird die KI auch beim autonomen Fahren eine riesige Rolle spielen. Ein wesentliches Asset der KI ist das Lernen von Maschine zu Maschine. Das wird die Sicherheit des unbemannten Fahrens heben. Allerdings, und das kann sich aus meiner Sicht nur auf getrennten Verkehrsflächen ausgehen, für viel Sicherheit sorgen. Die Forderung zum autonomen Fahren auf getrennten Verkehrsflächen habe ich weiter vorn bereits ausgeführt.

Die Zukunft der Mobilität wird immer mehr von Software getrieben werden. Viele, fast alle Hersteller haben dies erkannt und schließen Gemeinschaften mit Entwicklern von Datensystemen. Ziel ist es, neue umfassende Betriebssysteme zu kreieren. Data-Mining ist ja das Gebot der Stunde. Mit den anstehenden Veränderungen der Vertriebssysteme bekommen die Hersteller die Hoheit über die Mobilitätsdaten auch mit Zustimmung der Käufer übertragen. Die Europäer schmieden Allianzen mit chinesischen Software-Unternehmen, um die gesamte Bandbreite der Datensammlungsmöglichkeiten zu nutzen. Die Schnittstellen von Infotainment, Navigation, von autonomem Fahren und Telemetrie werden in den neuen Betriebssystemen vereinigt, lernen voneinander und entwickeln sich aus den gesammelten Daten ständig weiter.

Automobilhersteller mutieren immer mehr zu interdisziplinären Technologiekonzernen, die große, richtig große Data-Cubes generieren. Also von der Schwerindustriellen Fertigung hin zu Data-Mining und KI-Anwendungen. Einerseits um sich ständig den Anforderungen der User anzunähern, andererseits um das neue „Gold" zu sammeln. Gold, das dann auch zu neuen Aktienbewertungen führt und das auch wirklich zu Geld gemacht werden kann. Siehe Tesla. Die US-amerikanischen Hersteller und die Chinesen sind hier aber schon mindestens eine ganze Generation voraus.

Im Fahrzeugbau mit Plattformkonzepten haben die neuen asiatischen Hersteller viel von den europäischen Lizenzgebern der späten 1990er-Jahre mitgenommen und können auch das so, dass mitteleuropäische Kunden gut bedient werden können. Die sind zufrieden.

Die Transformation vom Autobauer zum Technologiekonzern ist eine große Herausforderung. Die weiterhin sinkenden Absatzzahlen werden auch zu flexibleren Fertigungsanlagen führen müssen. Die Produktion auf Bedarf steht der kostengünstigen Massenproduktion massiv entgegen. Neue Ertragsmodelle nach dem Vorbild von Tesla und den neuen chinesischen Marken wie zum Beispiel NIO müssen zur Absicherung der Zukunft ersonnen werden. Mit Hochdruck!

Konkret bedeutet der Wandel zum Technologiekonzern Data-Mining. Daten sammeln, clustern, analysieren und gezielt zum Verkauf anbieten. Auch als Futter für KI-Tools werden diese Daten eingesetzt. Als Abfallprodukt werden die gewonnenen Daten zur Produktentwicklung und zur Personalisierung von Fahrzeugen genutzt werden. Das ist die heute notwendige Technologieführerschaft.

Wenn Volkswagen von Fertigungseffizienz, Plattformkonzepten, Design, Qualität, Performance et cetera spricht, hat VW den Technologiezug wohl verpasst. Das sind alles Erwartungen, die an die europäische Autoindustrie gestellt werden, die aber mit der zukünftigen Technologieführerschaft nichts zu tun haben.

Das Sammeln, Clustern und Auswerten von Daten braucht eigene, dafür entwickelte Software. Daran ist Volkswagen schon gescheitert, hat sich Hilfe von einschlägigen Partnern geholt und damit die Datenhoheit aus der Hand, nach China beziehungsweise in die USA, gegeben. Technologieführerschaft beschreiben die Erfolge von Xiaomi. Kommend aus der Elektronikecke, hat Xiaomi neben dem Angebot von Unterhaltungselektronik wie Smartphones, TV-Geräte, Tablets, Computer und so weiter, nun auch begonnen, Mobilitätsdaten zu sammeln. Dazu verwendet das Unternehmen Autos, die den Käufern zu marktrelevanten Preisen angeboten werden. Das ist Technologieführerschaft heute. Übrigens, Xiaomi ist durchaus erfolgreich im Verkauf der sehr nach Premium anmutenden Modelle (Abb. 10.1).

Ein weiteres wichtiges Thema im Zusammenhang mit der Mobilität der Zukunft ist die Batterie- und Antriebstechnologie. Ein Feld, das die restliche Welt mehr oder weniger tatenlos der chinesischen Industrie überlassen hat.

Die großen Multimarken-Konzerne wie Volkswagen und Stellantis mit jeweils mindestens 14 Marken unter einem Dach, BMW mit nur vier, sind große Schiffe, die behäbig zu manövrieren sind. Ja, das stimmt. Vergessen wir aber nicht, dass Geely 13 Marken unter einer Holding vereint und trotzdem in der Lage ist, schnelle Entscheidungen zu treffen. BYD und Hyundai haben ihre Autoproduktionen in riesige Schwerkonzerne eingebettet und riesig bedeutet da wirklich groß. Im Vergleich zur VÖEST-Alpine AG mit knapp 2 Mrd. € sind die asiatischen Player wie zum Beispiel Geely, Gewinn 60 Mrd. US-Dollar bei 2,8 Mio. verkauften Fahrzeugen oder BYD mit einem Gesamtumsatz von 30 Mrd. € und Hyundai mit knapp 115 Mrd. € Gesamtumsatz beeindruckend deutlich größer. Volkswagen mit einem Konzernumsatz, inklusive Finanzdienstleistungen, mit über 332 Mrd. Euro, Stellantis mit 190 Mrd., BMW und Mercedes Benz mit um die 155 Mrd. € spielen in der Liga der Großen mit. Die Europäer sind dabei fast sortenrein mit der Produktion von Fahrzeugen den Widrigkeiten des Marktes ausgesetzt. Das sollte Synergien nutzbar machen und die Geschwindigkeiten erhöhen. Das macht aber auch anfällig gegen stürmi-

Abb. 10.1 Chinas Autoindustrie hat sich auf E-Mobilität fokussiert und ist damit erfolgreich. © Peter Farbowski

sche Marktveränderungen. Die chinesischen Mischkonzerne haben größere Resilienz aufgebaut.

Wie in einem der früheren Kapitel schon erwähnt, haben sich in den großen europäischen Verwaltungszentralen der Fahrzeughersteller auch Abteilungen mit großem Hang zum Selbstzweck etabliert. Einkäufer, die ihre Lieferanten um sagenhafte Eurocent-Beträge drücken, aber dafür monatelange Verhandlungen in Kauf nehmen, verlangsamen damit die Handlungsfähigkeit dieser Konzerne. Um die Zukunft für so große Strukturen erlebbar zu machen, ist es höchst an der Zeit, Prozesse zu entrümpeln, regional, wenigstens kontinental zu kaufen und so Arbeitsplätze, die nicht mehr zeitgemäß sind, in neue Optionen für die Mitarbeiter zur transformieren.

Software-Entwicklung ins Haus zu holen, Entwicklung autonomer Fahrzeugkonzepte mit den entsprechenden Steuerungen bieten solche qualitativen Arbeitsplätze. Die Fertigung wird immer menschenleerer werden. Damit werden sich die Gewerkschaften und die Arbeitnehmer anfreunden müssen. Wir alle werden es erkennen, dass an der E-Mobilität als Antriebskonzept der Zukunft für die Masse kein Weg vorbei geht. Es ergibt also Sinn, die Herausforderungen anzunehmen, die Chancen zu nutzen und die Zukunft zu gestalten. Die Uhr zeigt auch hier schon auf fünf vor zwölf.

Welcher der Autohersteller die Vorgaben der europäischen Ziele erreichen wird, ist offen, BMW und Volvo sind gut am Weg. Sie scheinen die Grenzwerte einhalten zu können. Die anderen Hersteller haben alle Händevoll zu tun! Wie gesagt, hier ist Rechtssicherheit, um die Rahmenbedingungen zu definieren, die zentrale Aufgabe der Politik. Der Rahmen muss berechenbar bleiben.

Auch wenn die Transformation, getrieben durch die diversen Konferenzen und Gipfel zum „Aus vom Verbrenner aus", die Entwicklung des E-Antriebs als Alternative zum Verbrenner gedämpft haben, führt der Weg eindeutig zum E-Antrieb hin. Die Kommission der EU wird diese Veränderung zur Kenntnis nehmen müssen. Und die Öllobbyisten werden sich damit anfreunden müssen. Ja, trotz aller Glaubenssätze und selbsterfüllenden Prophezeiungen, ist der E-Antrieb gekommen, um zu bleiben!

Das Aufweichen von Grenzwerten im Flottenverbrauch ergibt keinen Sinn. Vielmehr ist es in der Verantwortung der Industrie, der Politik und der Gesellschaft, an der Einhaltung der Grenzwerte gemeinsam zu arbeiten, technologieoffen, zukunftsorientiert und bodenständig!

Täglich finden wir viele Schlagzeilen, die mehr oder weniger positive Inhalte zur Elektromobilität kommentieren.

Spätestens der Dezember 2024 bewies es. Ja, es steht wirklich schlecht um den Auto-Kontinent Europa. Sprecher der europäischen Autohersteller bestätigen, dass es eine verbindliche Gesetzgebung, die klar in Richtung Elektromobilität geht, braucht. Die Automobilindustrie ist langzyklisch und braucht verbindliche Regelungen. Ich bin nicht sicher, ob die Industrie nicht doch von Selber auf die Themen Klimaschutz und Elektrifizierung kommen. Das haben sie ja schon in den 1990er-Jahren bewiesen.

Der Kostendruck treibt die Autohersteller dazu, an den alten, sehr ausgereiften Fertigungsprozessen festzuhalten. Eine schnelllebige Politik, macht die Neuausrichtung mit dem Blick auf die Kosten, beinahe unmöglich. Die wirtschaftlichen Schwierigkeiten der Autozulieferer wie ZF Friedrichshafen, Bosch und Continental hängen direkt am Wohl der Autohersteller.

Auch wenn immer wieder zu lesen ist, dass die Elektroauto-Bestellungen massiv einbrechen, ist dafür vor allem ein Grund entscheidend: Früh wurden sie von der Politik zum Kern der „Verkehrswende" erklärt. Doch die Zahl batteriebetriebener Fahrzeuge wuchs schon deutlich langsamer, als es Merkel wollte, unter Scholz ging ihr Zuwachs noch langsamer voran. Doch der Markt ist stärker. Trotz der momentreaktiven Politik etablieren sich die E-Antriebe auf dem europäischen Markt.

Den Elektroautos geht die Energie nicht aus. Warum nur? Volatile Politik, einmal Ja, einmal Nein zu den E-Autos verwirrt Hersteller und Konsumenten. Der politische Wunsch der Antriebswende besteht meist unbestritten. Die politischen Handlungen in der EU und den europäischen Staaten lassen dies mittlerweile nicht mehr erkennen. Haben sich die Hersteller schon auf die aktuell geltenden Regelungen eingestellt, die Produktionen konsequent in Richtung E-Antrieb ausgerichtet, so brechen die Politikerinnen vor der Lobby des Handels ein. Im Juli 2024 wurden in Deutschland 30.762 reine E-Fahrzeuge neu zugelassen, was laut Kraftfahrt-Bundesamt ein Minus von 36,8 % gegenüber dem Vergleichsmonat des Vorjahres darstellt. Der Anteil neuer E-Autos an allen Kfz-Neuzulassungen im Juli lag bei 12,9 %. Nur jedes achte Auto, das zusätzlich auf Deutschlands Straßen kommt, ist also batteriebetrieben.

Im Vergleich dazu wurden 2023 in Österreich knapp 260.000 PKW zugelassen, jeder fünfte davon war elektrisch. 2024 waren es knapp 254.000 Personenkraftwagen, jeder fünfte PKW war in diesem Zeitraum rein elektrisch. 2025 stiegt der Anteil der E-Antriebe auf 21,3 %, also weniger als jedes vierte Auto, zählt man die Hybriden dazu, sind es über 60 %!

Der Anteil der alternativen Antriebe, also von Plug-In-Hybriden, das ist die Kombination aus Verbrenner-Motor mit E-Antrieb mit E-Reichweiten von mindestens 50 bis ca. 100 Kilometern, ist allerdings auch laut Statistik Austria im Steigen und auch nicht mehr aufzuhalten. So war im Juli 2024 jeder zweite Personenkraftwagen elektrisch oder wenigstens elektrifiziert angetrieben.

Bei unseren Nachbarn stockt der Absatz von E-Autos schon seit Monaten. Zwischen Januar und Ende Juli 2024 wurden in Deutschland knapp 215.000 Elektroautos zugelassen, das waren 12,6 % aller Neuzulassungen, also nur mehr jedes achte Auto elektrisch – gegenüber immerhin 268.926 Elektroautos oder 16,4 % im Vorjahr.

Mit aller Macht hatte sich die Bundesregierung zu Zeiten von Bundeskanzlerin Angela Merkel dem Ziel verschrieben, den Anteil der batteriegetriebenen Fahrzeuge auf deutschen Straßen massiv auszuweiten. Kaufprämien von bis zu 4000 € pro Fahrzeug, zusätzlich Steuererleichterungen und Privilegien im Straßenverkehr sollten bis 2020 mindestens eine Million Stück der als klimafreundlich gepriesenen Fahrzeuge in den deutschen Markt bringen. Dieses Ziel gab bereits 2010 der damalige Bundesumweltminister Norbert Röttgen (CDU) aus, und er wollte gar, dass diese Fahrzeuge „aus deutscher Produktion“ kämen.

In Österreich wurde die Anschaffung von Autos mit Elektroantrieb für Private 2024 finanziell unterstützt. Ebenso die Errichtung von Ladeinfrastruktur. Diese wurde übrigens nicht nur für private Haushalte gefördert. Der Ausbau der Ladeinfrastruktur im öffentlichen Raum wurde und wird immer noch recht massiv unterstützt. Mit über 24.000 Ladepunkten per Juni 2024 und einem Plus von 2600 gegenüber dem Jahr 2023, schreitet der Ausbau der Ladeinfrastruktur beständig voran. Ende 2025 zählten wir in Österreich bereits über 30.000 Ladepunkte. Die ausgebaute Ladeleistung liegt über 1,1 Mio. Kilowatt, das sind im Durchschnitt knapp 46 Kilowatt je Ladepunkt.

Aufgabe der Politik ist es, für stabile Rahmenbedingungen zu sorgen. Nationale Förderprogramme mit Maß und Ziel, die auch im Markt, also bei den Käuferinnen ankommen, sind aber ein wesentlicher Erfolgsfaktor. Aufgabe des Staates ist es, die Förderprogramme aufzulegen, die Förderungen abzuwickeln und darauf zu achten, dass die Förderungen den Käufern zugutekommen und nicht in die Taschen der Hersteller fließen.

Tatsächlich wurde in der Bundesrepublik erst Ende 2022 die Millionenmarke an verkauften E-Fahrzeugen überschritten – weil 2023 die Subventionen gestoppt wurden und etliche Kaufentschlossene noch rasch vorher den Weg zum Händler ihres Vertrauens gefunden hatten. Bis zum 1. April 2024 stieg die Zahl weiter auf insgesamt rund 1,46 Mio. E-Autos in Deutschland. Erneute Subventionen waren wieder in Sicht. Im Januar 2025 mussten nach dem Platzen der Regierung erstmal die Bundestagswahlen geschlagen werden. Die neuen Regierungen in Österreich wie in Deutschland mussten aufgrund der selbstauferlegten tiefen Budgeteinschnitte neue zielgerichtete Förderprogramme erneut ausarbeiten.

An der „Verkehrswende" muss gerade wegen der ernüchternden Zahlen, besonders bei unseren Nachbarn in Deutschland, festgehalten werden. Unbeeindruckt von den verpassten ersten Zielen wurde bereits im Januar 2023 die nächste hochambitionierte Zielmarke seitens der Politik definiert: Auf dem sogenannten Mobilitätsgipfel im Kanzleramt (BRD), an dem neben Vertretern von Mercedes, VW und BMW sowie der Zuliefererindustrie auch der Wirtschaftsminister, der Verkehrsminister, der Arbeitsminister, der Finanzminister und die Umweltministerin teilnahmen, wurde noch von der zerstrittenen Ampelregierung verkündet, dass bis 2030 mindestens 15 Mio. vollelektrische Autos auf Deutschlands Straßen fahren sollen – also gut eine Verzehnfachung der aktuellen Zahl binnen der nächsten sechs Jahre.

Warum aber brechen in Europa die Elektroauto-Bestellungen massiv ein? In ganz Europa?

Nein – Norwegen hat seine Hausaufgaben gemacht und hat mittlerweile einen höheren Fahrzeugbestand an E-Antrieben als an Verbrennern. Auch von dort lernen wir. Vor allem ein Grund für die Anschaffung eines Autos mit Elektromotor ist entscheidend: Gibt es keine angemessenen Förderungen, werden die Ziele auch nicht erreicht werden. Norwegen, das schon vor Jahren die Mobilitätswende konsequent vorangetrieben hat, hat es bewiesen, dass Elektroautos tatsächlich bereit sind, den Massenmarkt zu erobern.

Norwegen hat die klare Politik hin zur Elektromobilität natürlich nicht gegen eine ansässige Automobilindustrie zu verteidigen. Als größter Erdölexporteur Europas, wohl aber gegen die Öl-Lobby (Abb. 10.2).

Was aber sind die Ursachen für den deutlichen Absatzrückgang in Deutschland und Österreich? Zumindest an den Stammtischen der Länder?

Gestrichene Subventionen

In Deutschland und Österreich spielten staatliche Subventionen eine entscheidende Rolle bei der Förderung des Verkaufs von Elektroautos. Diese Subventionen wurden jedoch gekürzt oder ganz gestrichen, was zu einem merklichen Rückgang der Verkaufszahlen bis 2024 führte.

Ohne diese finanzielle Unterstützung sind viele potenzielle Käufer nicht bereit, den hohen Kaufpreis für ein Elektroauto zu zahlen. Dies hat dazu geführt, dass die Marktakzeptanz in diesen Ländern deutlich gesunken ist.

Ich muss wieder Norwegen vor den Vorhang holen: Förderungen für E-Autos und hohe Preise für Verbrenner und klassische fossile Treibstoffe machen das Kaufen und Fahren mit Elektroantrieb attraktiv.

Hohe, nicht wettbewerbsfähige Preise

Ohne Subventionen beziehungsweise marktlenkende Maßnahmen sind die Preise für Elektroautos im Vergleich zu Verbrennerfahrzeugen immer noch sehr hoch. Nicht weil sie so hoch sein müssen! Die Herstellungskosten für Batterien und andere spezielle

Abb. 10.2 Hypercharching – Ladeinfrastruktur ist entscheidend für die Verbreitung der E-Autos. © Daimler AG

Komponenten eines Elektroautos sind nach wie vor deutlich höher, weil sie auf kleinere Absatzmengen kalkuliert worden sind, als bei traditionellen Verbrennungsmotoren. Würde man dieses Kalkulationsschema umdrehen, was nach den geltenden Grenzwerten der EU das Gebot der Stunde wäre, können marktfähige Preise dargestellt werden. Dieser Fakt macht Elektroautos wenig wettbewerbsfähig, besonders in einem Markt, der stark preisorientiert ist.

Teure Reparaturen

Eine weitere Mär ist, dass Elektroautos hohe Reparaturkosten verursachen. Hier müssen wir genauer hinschauen. Obwohl Elektroautos weniger bewegliche Teile haben und daher weniger anfällig für bestimmte Arten von Verschleiß sind, sind manche Eingriffe oft komplexer und teurer. Klassische mechanische Reparaturen an Bremsen dürfen nicht teurer bewertet werden als bei den mit Verbrennungsmotor getriebenen Kollegen.

Spezialwerkstätten und ausgebildete Fachkräfte sind erforderlich, um die hochkomplexen elektrischen Systeme zu warten und zu reparieren. Dies führt dazu, dass diese Arbeiten zu Recht höheren Stundensätzen unterliegen. Die eingesetzten Arbeitszeiten sind aber meist sehr kurz oder können in Gewährleistungsabrechnungen an die Hersteller abgewälzt werden. Reparaturkosten, die deutlich über denen von Verbrenner-Autos liegen, schrecken viele potenzielle Käufer zusätzlich ab.

Batterie sorgt für Probleme bei Unfällen

Zum Knackpunkt bei Unfällen, an denen E-Autos beteiligt sind, wird der mechanische Zustand der Batterie, deren Zustand man nur oberflächlich einer Sichtprüfung unterziehen kann. Soweit man überhaupt der Antriebsbatterie ansichtig wird. Bei stärker zerstörten E-Autos besteht das Risiko, dass aufgrund von starken mechanischen Beschädigungen, im Klartext bei starken Verformungen, ein Zellenkurzschluss eintritt. Passiert es und die elektrischen Systemkomponenten setzen Teile des Fahrzeugs, insbesondere die Karosserie, unter Strom, ist höchste Vorsicht geboten. Zudem muss bei havarierten Elektrofahrzeugen stets damit gerechnet werden, dass die Hochvoltbatterie in Brand gerät – unmittelbar nach dem Unfall oder auch erst Tage später. Wie gesagt, nur durch einen Zellenkurzschluss gerät die Lithium-Ionen-Batterie in Brand. Wie auch bei einem Handy oder sogar einer kleinen Knopfzelle!! Das ist auch der Grund, warum alle Metall-Ionen-Batterien NICHT, auf gar keinen Fall, im Restmüll landen dürfen.

Auf diesen Verdacht hin werden E-Autos lange in Quarantäne gelagert oder sogar in Löschcontainern im Wasser versenkt. In Löschcontainern landen E-Autos nur, wenn deutlich erhöhte Temperatur und damit Brandverdacht besteht. Denn das Versenken im Wasserbad eines Löschcontainers bedeutet den Totalschaden eines Elektroautos.

Für den Ernstfall vor Ort, nach einem Unfall, gibt es bei Feuerwehren inzwischen spezielle Safety-Trailer, nämlich Lkw-Anhänger, auf denen ein Swimmingpool mitgezogen wird – groß genug, um darin ein Elektroauto zu versenken.

Als kleines Gustostückerl am Rande: Wasser ist für Lithium ein Katalysator, also ein Reaktionsbeschleuniger. Lithium brennt damit im Wasserbad weiter munter vor sich hin, vor allem wenn die Zündung schon mal stattgefunden hat. Da sollten sich die Feuerwehren schnell neue Löschmittel überlegen. Wasser ist aber gut geeignet, die brennende Batterie zu kühlen. Auch das hilft schon!!

Als Brandbeschleuniger wirkt der Verbund von Bauteilen in einer Hochleistungsbatterie: Das Lithium, das Graphit, der Elektrolyt zusammen mit den Metallen aus der Kathode, Aluminium und der Anode aus Kupfer und dem Geflecht aus Kobalt und Nickel als dem „Zuhause" für die freibeweglichen Ionen, bilden ein sehr zündbares und sehr heiß abbrennendes Gemisch. Über 1100 Grad Celsius!

10.1 Wie gut brennen Elektroautos eigentlich und wie oft?

Lithium-Ionen-Akkus brennen heiß, sehr heiß – siehe oben. Das heißt, sie brennen gut! Wie oft brennen Fahrzeugen im Vergleich der Antriebsarten? Je einer Milliarde gefahrener Kilometer brennen 90 Fahrzeuge mit Verbrennungsmotor aber nur drei mit E-Antrieb.

Reichweiten

Das Thema Reichweite ist eines der am meisten diskutierten. In den letzten 40 Jahren wurde es den Autofahrern glauben gemacht, dass Reichweite das absolute Maß der Freiheit ist. 1000 km und mehr. Das hat Volkswagen dazu hinreißen lassen, dass in einer

Werbung für den VW-Passat TDI bei der Tankstelle nach Wasser für den Fahrer gefragt wurde und nicht nach Treibstoff. Die Empfehlung des Kuratoriums für Verkehrssicherheit, alle zwei Stunden eine kurze Pause zu machen, wurde und wird hartnäckig ignoriert.

Wie erwähnt sind mehr als 90 % aller täglichen Fahrten unter 100 km sind. Mehr als 80 % sogar weniger als 35 km! Reichweiten, die sogar die älteste Elektrotechnologie im Antriebsstrang kann.

Fakt ist auch, dass mit den Fortschritten in der Batterietechnologie die Reichweiten von Elektroautos begrenzt sind. Genau wie bei den Verbrenner-Pendants eben auch. Viele Modelle bieten eine Reichweite von 400 bis 600 Kilometern. Damit ist die E-Mobilität im plausiblen Langstreckeneinsatz angekommen.

Reichweiten sind egal ob in ländlicher oder städtischer Umgebung für Personen, die das Elektroauto wie den Akku einer Bohrmaschine, bis zum bitteren Ende nutzen möchten, genauso unpraktisch wie ein leerer Tank, wenn keine Tankstelle in Sicht ist. Klar, Sprit kann man im Kanister holen, mit Strom ist das schon schwieriger. Ist ein Haus in der Nähe, kann man, wenn auch langsam, die Batterie so gut wie überall laden.

Der echte Knackpunkt zum Thema Laden ist die sogenannte On-Board-Charging-Technologie! 400 oder 800 V, das ist hier die Frage! Um ehrlich zu sein, das ist keine Frage, in jedem Fall 800 V. Doppelt so schnell bedeutet halbe Ladezeit bei gleicher Reichweite oder gleiche Ladezeit mit doppelter Reichweite. Klar.

Die Reichweitenangst – die „Range Anxiety", also die Sorge, mit leerem Akku liegenzubleiben, ist da. Dagegen hilft nur die ausreichend geladene Antriebsbatterie und es bleibt damit einzig und allein den Fahrerinnen von Elektroautos überlassen, dafür zu sorgen. Nicht auszudenken, wenn dann das Handy auch noch der „Range Anxiety" zum Opfer fällt und – Gott behüte – tatsächlich leer ist. Gegen diese Angst ist also nur ausreichend Strom die Lösung.

Mangelhafte Infrastruktur an Ladestationen

Die Ladeinfrastruktur ist nach wie vor unzureichend ausgebaut. Mit mehr als 35.000 verfügbaren Ladepunkten in Österreich aber schon auf einem recht guten Niveau im Vergleich zu Resteuropa. Alle 60 km steht damit, ich weise extra darauf hin, statistisch ein Ladepunkt auf Österreichs Straßen zur Verfügung. Täglich gibt es Fortschritte, aber das Netz der Ladestationen wird noch weitere 10.000 Ladepunkte mit dem Fokus auf Schnelllader brauchen, um den Bedarf der steigenden Anzahl von Elektroautos zu decken.

Mindestens so wichtig wie das Netz der Ladeinfrastruktur ist die niederschwellige Bezahlmöglichkeit. Die jüngsten Erlässe und Verordnungen nehmen darauf Bezug und verlangen vom Chargepoint-Operator die Zahlung mittels üblicher Debit- und Kreditkarten. Damit verbunden auch die Erstellung fiskaler Belege und transparenter Preise (AFRI-Verordnung).

Zu lange Ladezeiten

Die Ladezeiten hängen, wie schon mehrfach ausgeführt, nicht nur von der Leistung der Schnelllader ab. Wesentlich ist nicht die Leistungsangabe am Schnelllader, sondern die

Leistung, die der Netzanschluss zur Verfügung stellt. Natürlich kann mit Trafostationen die Leistung frisiert werden.

Wie schon erwähnt ist das Layout des Onboard-Netzes eine entscheidende Kenngröße. 400 oder 800 V war, ist und bleibt die Frage. Die Antwort ist in jedem Fall lieber 800 V oder mehr.

Egal wie, selbst bei Schnellladestationen dauert das Aufladen eines Elektroautos länger als das Tanken eines Verbrennerfahrzeugs. Beim Tanken passiert ein physikalischer Vorgang, Flüssigkeit wird in einen begrenzten leeren Raum – den Tank – gefüllt. Beim Laden wird ein komplexer elektrochemischer Prozess angestoßen. Dass der dauert, darf nicht verwundern.

Aber in 20 min werden bei den modernen Elektroautos Reichweiten von 250 bis 300 km geladen. Damit ist die E-Mobilität in der Langstrecken-Tauglichkeit angekommen. Sie erinnern sich, es dauert nicht länger als Tanken, Toilette, Wertcoupon gegen Kaffee einlösen, zum Auto und abstecken!

Rohstoffknappheit

Die Produktion von Batterien für Elektroautos erfordert seltene Erden und andere Rohstoffe, deren Abbau oft umweltschädlich ist und politische Abhängigkeiten schafft.

Aber auch in Verbrennern finden wir seltene Erden, Cobalt, Kupfer, und dergleichen mehr. Diese sind also auch nicht ganz frei von den knappen Rohstoffen. Fix ist, dass wir uns damit auseinandersetzen müssen, am besten anfreunden, denn sie ist gekommen, um zu bleiben!

Entsorgung und Recycling

Die Frage, wie alte Batterien umweltfreundlich entsorgt oder recycelt werden können, ist weitgehend aber noch nicht vollständig gelöst. Gewinnen statt verbrennen ist der nachhaltige Zugang. Das bedeutet, die werthaltigen Reststoffe durch Zerlegung weitgehend zu extrahieren und dann aufzubereiten. Dabei sind moderne BLED-Batterien effizienter zu zerlegen und damit auch effizienter in der Ausbeute der recycelten Reststoffe. Die ökologische Bilanz von Elektroautos wird dann mit der Batterienutzung und -entsorgung deutlich entlastet.

Rasanter Wertverlust

Gebrauchte Autos verlieren allgemein rasch an Wert. Besonders in den ersten Monaten und im ersten Jahr. Dann flacht sich die Kurve deutlich ab. Für gebrauchte Elektroautos ist das Angebot, abgesehen von Vorführern und Dienstwägen der Importeurs-Mitarbeiter, sehr schmal. Quasi nicht vorhanden, aber langsam im Entstehen. Eine ehrliche Einschätzung, wie sich die Gebrauchtwagenpreise für Fahrzeuge mit Elektromotor entwickeln, welche Kriterien preisbestimmend sein werden, ist noch unklar. Aussagen dazu unterliegen immer noch einer hohen Schwankungsbreite.

Der Gesundheitszustand der Antriebsbatterie ist so eine Größe. Genaugenommen ist es die Kapazität, wie nahe diese noch am Wert von 100 % liegt. Hat eine neue Antriebsbatterie ein „Fassungsvermögen“ von 70 kWh ist es preisrelevant, wie hoch dieser Wert nach ein, zwei oder x Jahren ist. Oder wie hoch, das ist bei Autos auch in Echtzeit messbar, dieser Wert nach 50.000, 100.000 oder mehr gefahrenen Kilometern tatsächlich ist. Wie aufmerksame Leserinnen wissen, ist die angezeigte Reichweite nur zum Teil von der Kapazität, vom elektrischen Speichervermögen abhängig.

Eine jedenfalls preisrelevante Messgröße wäre die Anzahl der Vollladezyklen. Diese ist aber nirgends abzulesen, bildet sich aber in der Kapazität ab. Auch die Schnellentladezyklen spiegeln sich in der Kapazität der Batterie wider. Bei manchen Marken wird diese Zahl im Menü des Centerscreen angezeigt. Also ist das wohl das Maß der Dinge. Und hier ist nach wie vor Lernen angesagt.

Nach aktuellem Stand werden für Antriebsbatterien Garantien von mindestens acht Jahren mit mindestens 85 % der Nennkapazität abgegeben. Ab 75 % werden die Akku-Packs dann einem zweiten Leben, zum Beispiel als Heimspeicher zugeführt.

Den Preisverfall bei Elektroautos beschleunigt sicher der schnelle technologische Fortschritt. Genau wie bei Handys oder Laptops und Tablets ist das E-Auto zum Zeitpunkt der Anschaffung „alt“. Allerdings können neue Software-Releases aufgespielt werden, neue, leichtere, effizientere Bauteile können aber nicht ausgetauscht werden.

Je mehr Elektroautos in den Markt kommen, umso eindeutiger wird das Preisgefüge und dessen Nachvollziehbarkeit werden. Damit wird sich ein ganz normaler Markt entwickeln.

Fazit: Es gibt viele Gründe, die für E-Autos sprechen. Die Marktdurchdringung in den europäischen Ländern steht auch künftig vor erheblichen Herausforderungen. Auch das Klima steht vor diesen Herausforderungen. Wir als Gesellschaft mit der Begabung, Lösungen zu finden und umzusetzen, sind zum Handeln verpflichtet. Die Elektromobilität wird einen wesentlichen, ja den bestimmenden Teil der individuellen Mobilität leisten. E-Fuels, Wasserstoff mit Brennstoffzelle und hybride Antriebskonzepte werden im Langstrecken-, Reise- und Schwerverkehr für die Mobilität sorgen.

Die Politik ist gefordert, die gestrichenen Subventionen wieder aufzulegen. Die Hersteller sind gefordert die hohen Preise durch effiziente Produktionsprozesse und neue Kalkulationsmethoden gepaart mit neuen Geschäftsmodellen marktrelevant hinzubekommen.

11 Künstliche Intelligenz

…oder ist es doch nur verdichtetes Wissen, das mit unterschiedlichen Algorithmen zu Prompts ausgespuckt wird. KI lernt aus allen verfügbaren Daten. Die Datenmodelle werden immer größer, mächtiger und damit inhaltsreicher. Eine kognitive Leistung, wie wir Menschen sie vollbringen können, können alle entwickelten Algorithmen nicht. Was das menschliche Gehirn kann, ist zu unerforscht und zu komplex, als dass Forscher zeitnahe dazu eine Lösung finden können.

Nichtsdestotrotz findet KI in den Fahrzeugen und den Assistenzsystemen ihre Anwendung. Gerade für die Anwendungen im autonomen Verkehr spielt die KI eine große und wichtige Rolle. In der Kommunikation von Maschine zu Maschine findet die KI ebenfalls ihr Anwendungsgebiet.

KI ist aber gar nicht so neu. Die Entwicklung künstlicher Intelligenz hat in den letzten Jahrzehnten enorme Fortschritte gemacht. Schauen wir mal zurück zu den wichtigsten Meilensteinen, die die Geschichte der KI geprägt haben:

1950 – der Turing-Test.

Alan Turing, ein britischer Informatiker, stellte die Frage, ob Maschinen menschliches Denken nachahmen können. Sein Test, bei dem eine Maschine versucht, in einem Gespräch nicht als solche erkannt zu werden, ist bis heute ein Maßstab für maschinelle Intelligenz.

1956 – die Geburtsstunde der KI.

Auf einer Konferenz am Dartmouth College prägte John McCarthy den Begriff „künstliche Intelligenz“. Diese Veranstaltung legte den Grundstein für KI als eigenständiges Forschungsgebiet.

1966 – der erste Chatbot.

P. Farbowski, *Gekommen, um zu bleiben!*,
https://doi.org/10.1007/978-3-658-51916-2_11

Eliza, entwickelt von Joseph Weizenbaum, war der erste Chatbot und reagierte auf Schlüsselworte mit vorgefertigten Phrasen. Obwohl leicht als Maschine zu erkennen, war Eliza ein wichtiger Schritt in der Mensch-Maschine-Kommunikation.

1997 – künstliche Intelligenz besiegt den Schachweltmeister.

Deep Blue, ein Computer von IBM, besiegte 1997 den Schachweltmeister Garri Kasparow. Dieser Sieg demonstrierte die Leistungsfähigkeit von KI in strategischen Spielen und standardisierten Abläufen.

2016 – KI schlägt den GO-Meister.

AlphaGo, ein Programm von Google DeepMind, besiegte den Go-Meister Lee Sedol. Das Spiel Go ist für seine Komplexität bekannt, und dieser Erfolg zeigte die fortgeschrittenen Fähigkeiten von KI in komplexen Aufgaben. Hohe Standardisierung ist immer noch Voraussetzung.

2022 – ChatGPT generiert freie Texte, Tabellen und Bilder.

OpenAI veröffentlichte 2022 ChatGPT, einen Chatbot, der in Echtzeit detaillierte Antworten auf komplexe Fragen liefert und kreative Texte, Tabellen und Bilder erzeugen kann. Dieses System basiert auf großen Sprachmodellen und revolutioniert nach wie vor die Interaktion mit Maschinen. Es birgt auch viele Chancen und Gefahren.

Die Entwicklung in der KI schreitet rasant voran. Sie wird den Assistenz- und Steuerungssystemen ganz neue Wege öffnen, Wendungen einleiten, die wir uns noch gar nicht vorstellen können. Für die Applikationen im autonomen Verkehr ist KI schon heute höchst relevant und wird es auch bleiben. Dennoch wird das autonome Fahren getrennte Verkehrsflächen brauchen. Unpopulär für die Politik, aber für die Sicherheit aller Beteiligten meiner Ansicht nach eine zentrale Voraussetzung.

11.1 Wieviel KI ist schon in den Autos? Wie viel KI ist in den Verkehrssystemen?

Die enge Vernetzung von Fahrzeugen, der Verkehrssteuerung, der Ladeinfrastruktur und den Herstellern ist im Alltag der Mobilität angekommen. Je höher die autonome Mobilität automatisiert ist, desto enger ist die Vernetzung. Die E-Mobilität liefert ausreichend Energie für diese Vernetzung und ausreichend schnelle Rechner aus dem elektrischen Bordnetz, genau aus der 12-Volt-Servicebatterie (Abb. 11.1).

Als E-Auto-Nutzer sitzt man in einem Rechenzentrum, das die mehrfache Computerleistung hat, als die beiden NASA-Missionen für Apollo 11 und 12 zusammen brauchten. Die Autofahrerclubs widmen sich in ihren jüngsten Veröffentlichungen der Vernetzung. Nicht weil es so innovativ ist, sondern weil auch die KI in der Mobilität angekommen ist, um zu bleiben.

Der Wunsch nach autonomer Mobilität macht den Einsatz der Künstlichen Intelligenz so eminent wichtig. Fahrzeuge, deren Sensoren, Navigationssysteme, Verkehrsleitzentralen und Verkehrseinrichtungen müssen miteinander „reden“, um effizient und unfallfrei über die selbst gewählten Strecken zu kommen. Die Vernetzung macht Vieles einfacher, effizien-

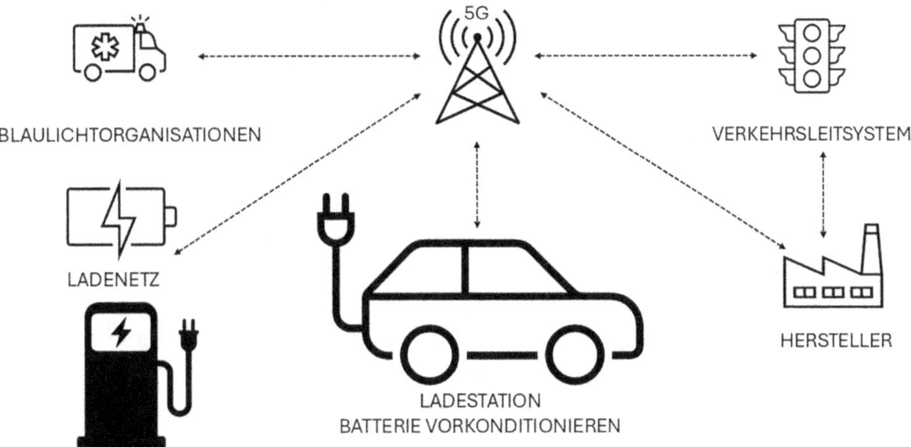

Abb. 11.1 KI und Vernetzung, der Verkehr der Zukunft

ter. Zum Beispiel das Laden. Kommunizieren Fahrzeug und Ladepunkt, den man direkt vom Auto aus reservieren kann, miteinander, werden Onboard-Charger und Batterie auf den Ladevorgang optimal vorbereitet. Die Batterie ist so im optimalen Temperaturfenster, die Leitungen des Onboard-Ladenetzes gekühlt und die Ladeleistung auf die Aufnahmekurve der Batterie angepasst. Das Laden ist damit effizienter und schonender für die Antriebsbatterie. Das verlängert die Lebensdauer und die erhält die maximale Kapazität.

Natürlich ist die Datenmenge, die aus den E-Autos und deren Nutzung entsteht, groß. Richtig groß. Der allergrößte Teil dieser Daten ist so anonymisiert, dass sich kein Fahrzeughalter, kein Fahrzeugnutzer oder Fahrer Sorgen machen muss. Unter normalen Umständen. Wer personen- oder nutzerbezogene Daten hacken oder phishen möchte, macht das. Die Annehmlichkeit der „Over the Air“-Updates geht ganz klar zulasten der Sicherheit.

Hersteller sind jener Teil in der automotiven Kette, die das höchste Interesse an persönlichen beziehungsweise personenbezogenen Daten hat. Beim Autokauf bekommen wir alle Datenschutzerklärungen und Zustimmungsvereinbarungen vorgelegt, die Verkäufer geben erst dann Ruhe, wenn dieser Zettel unterschrieben ist.

Alle legistischen Regulierungen von Richtlinien der Europäischen Union, Gesetzten der nationalen Parlamente bis hin zu Verordnungen auf lokaler Ebene, versuchen die gewerbliche Nutzung dieser Daten so schonend wie möglich zu regeln. In Europa ist das schon mit den Regulativen der DSGVO und des EU-AI-Data-Acts geschehen. Die Umsetzung und vor allem der Vollzug der Regelungen ist noch immer nicht lückenlos umgesetzt.

Autohersteller aus dem Fernen Osten haben die Regelungen schon sehr gut umgesetzt. Dennoch müssen wir uns der Tatsache im Klaren sein, dass diese Daten, die aus Europa gesammelt werden auf den chinesischen, koreanischen und anderen asiatischen Servern der Hersteller liegen. FISKER, leider nur noch in einer „Final Edition“ erhältlich, hostet seine Userdaten in Amerika, inklusive der Betriebsdaten der einzelnen Fahrzeuge. Der Dienstleister in Bosten ist immerhin ein Spinoff des MIT, des Massachusetts Institute of Technology, eine der angesehensten technischen Universitäten weltweit. Alle Hosts wecken in den Zeiten, in denen wir 2026 leben, mit ihren Lokationen in China, Korea oder den USA nicht wirklich das uneingeschränkte Vertrauen der User.

11.2 Warum mitteleuropäische Automobilhersteller sich in China weiterhin schwertun?

Europäische, im Besonderen deutsche Autos gelten weltweit als Statussymbole. Die Begeisterung für Autos von BMW, Audi, Mercedes und Co. bezieht sich vor allem auf Modelle mit Verbrennungsmotoren. Die oft recht spontan agierende Politik trägt Ihren Teil dazu bei. Doch die Welt dreht sich weiter, sie verändert sich unaufhaltsam.

In China und damit dem weltweit größten Absatzmarkt für die Automobilindustrie wird allerdings seit Jahren die Antriebswende nicht nur vorangetrieben, nein, sie wird vollzogen. Der Fakt, dass in China die individuelle Mobilität nicht ganz auf dem Niveau von Europa ist, lässt die echte Mobilitätswende schneller zu als hier in „good old Europe“.

Während die Politik in der EU noch über Verbrenner-Hintertüren, das „Aus vom Verbrenner-Aus“ und E-Fuels diskutiert, prescht die chinesische E-Autoindustrie voran. Dahinter steckt auch wirtschaftspolitisches Kalkül, denn im E-Autosegment kann China die eigene Autoindustrie entsprechend unterstützen. Dazu haben die „Chinesen“ sich einen technologischen Vorteil bei den Batterien und E-Antrieben erarbeitet.

Die Konsequenzen spüren die deutschen Autobauer schon seit Jahren. Ihre Absätze in China erodieren, denn ihre Verbrenner-Verkaufsschlager scheinen bei den chinesischen Kundinnen immer weniger gefragt zu sein. China ist der zurzeit am stärksten wachsende Automarkt für elektrische und elektrifizierte Modelle weltweit! Und da nehmen die Europäer kaum teil! Sie sind immer noch für Verbrenner bekannt und nicht für die E-Antriebe. Eine Analyse die auch der Autospezialist Roman Tyborski vom Handelsblatt teilt.

11.3 Wie können sich deutsche Autobauer auf dem wichtigen chinesischen Markt auch in Zukunft behaupten?

Der Verbrennungsmotor verliert in China massiv an Bedeutung. 2020 wurden noch 94 % aller Neuwagenzulassungen in China mit konventionellen Kraftstoffen wie Benzin oder Diesel angetrieben. 2024 waren es im ersten Halbjahr nur noch knapp zwei von drei Autos, 2025 war dann schon jedes zweite Fahrzeug eines mit reinem E-Motor! 50 %. Dass eben jedes zweite Auto ein E-Auto ist, sorgt bei den deutschen Herstellern Volkswagen, Mercedes und BMW und vielen anderen traditionellen Autobauern für ein großes Problem. Nach wie vor setzen die renommierten europäischen Hersteller in China überwiegend auf Autos mit Verbrennungsmotoren.

Dazu kommt, dass die chinesische Regierung gezielt Werbung und Imagebildung für Produkte aus heimischer, also chinesischer, Produktion macht. Am stark wachsenden Markt für Elektroautos und Plug-in-Hybriden in China nehmen die deutschen Hersteller damit kaum teil. Das beeinflusst die Rentabilität der europäischen Hersteller massiv, denn die Gewinne in China sinken schnell. Die Folge: Die deutsche und die gesamte europäische Automobilindustrie stehen am Abgrund – und niemand scheint es zu merken!

Experten und Branchenkenner mit jahrzehntelanger Erfahrung in China und Europa stellen mit dem Blick auf die deutsche Automobilindustrie dasselbe Zeugnis aus.

Während China im Bereich Elektromobilität mit einem „China Speed" vorprescht, der Entwicklungsschritte in der Hälfte der Zeit schafft im Vergleich zu den deutschen Herstellern, stecken wir hierzulande noch immer in ineffizienten Strukturen und dem Denken in den eigenen Elfenbeintürmen fest.

In einem Gespräch mit einem Lieferanten wurde mir dies anschaulich bestätigt. Währen innerhalb von drei Wochen bei chinesischen Herstellern eine finale und mit „Purchase-Order" belegte Bestellung vorliegt, braucht ein deutscher Hersteller über drei Monate, das Angebot zu evaluieren und in die Verhandlungen einzusteigen.

Auch die europäische Politik lässt die heimischen Hersteller erfolgreich im Ungewissen. Während die Welt auf Elektromobilität umschaltet, debattiert das Europäische Parlament noch über E-Fuels und alternativen zum E-Antrieb. Ein fataler Fehler! Der Innovationszug rollt an der EU vorbei und damit geht uns die einst führende Position in der Automobilbranche verloren.

Was Deutschland an jahrzehntelanger Innovationskraft und Vorsprung hatte, hat China in nur wenigen Jahren von Europa gelernt und durch klare, langfristige Strategien und beispiellose Geschwindigkeit überholt. Alle Europäischen Technik- und Technologie-Konzerne waren stolz auf ihre Standorte in China! Diese Gesellschaften setzten immer eine Mindestbeteiligung eines chinesischen Partners von 50 % voraus. Der Technologie-Transfer und die Anforderungen an Qualität und Verarbeitung wurden mit Handbüchern, regelmäßigen Audits und Dokumentationen sichergestellt. Und China kann nun wirklich gute Autos bauen! Gut geschult aus den europäischen, amerikanischen und vor allem deutschen Ingenieur-Standards.

Anstatt zu reagieren, sollte Europa sich an der chinesischen Erfolgsstrategie orientieren und endlich den Fokus auf Elektromobilität legen – bevor es zu spät ist.

Es ist recht sicher bereits fünf nach zwölf für die europäischen Hersteller! Man muss heute davon ausgehen, dass der europäische Markt in fünf bis zehn Jahren von chinesischen Marken dominiert werden wird. Ob jetzt handeln noch ausreicht, ist fraglich!

Kooperationen wie die von Volkswagen mit XPeng könnten ein Lichtblick sein. Jedenfalls sind sie ein Dokument dafür, dass sich die Strategie umdreht, jetzt China Technologie nach Europa „exportiert", doch reicht das aus? Europa und die USA brauchen jetzt radikale Veränderungen, um den Anschluss nicht völlig zu verlieren.

Abb. 11.2 Wo geht die Reise hin und wie schnell? © Peter Farbowski

Ist die deutsche Ingenieurskunst wirklich noch führend? Wo stehen die europäischen Automobilzulieferer in China? Können wir Europäer in China mithalten, welche Assets bringen wir ein? Wir dürfen noch daran glauben, aber ohne den notwendigen politischen und strukturellen Wandel könnte auch dieses Erbe bald Vergangenheit sein (Abb. 11.2).

11.4 Der „China Speed": Innovationskraft im Eiltempo

China hat es in den letzten zehn Jahren geschafft, sich von einem Nachzügler im Pkw-Markt zu einem führenden Akteur in der Elektromobilität zu entwickeln. Aber nur in der Elektromobilität. Das ist eine bewusste Entscheidung. Noch haben die europäischen Autohersteller die Technologieführerschaft für Verbrenner. Also blieb es China, die Führung in der Elektromobilität zu übernehmen. Für die europäischen Autohersteller ist es höchst an der Zeit, aufzuholen. Wenn das Aufholen noch geht.

Während deutsche Hersteller durchschnittlich vier bis sechs Jahre für die Entwicklung eines neuen Fahrzeugs benötigen, bringen Chinas Hersteller ihre Modelle in nur 24 Monaten auf den Markt. In der Fachwelt bezeichnet man diesen Entwicklungsprozess als *„China Speed"*. Diese Geschwindigkeit in Verbindung mit einem massiven Kosten- und Qualitätssprung ist eine ernsthafte Bedrohung für die deutsche Automobilindustrie.

Während China in einem beispiellosen Tempo voranschreitet, ist Deutschland in einer strategischen Sackgasse gefangen. Die Debatten über E-Fuels und alternative Antriebe verzögern den notwendigen Wandel hin zur Elektromobilität. Diese Diskussionen sind ein katastrophaler strategischer Fehler der Lobbyisten und der Politik! Sie bremsen die erfahrenen europäischen Hersteller. Langfristig wird die deutsche Automobilbranche ins Abseits gedrängt, wenn es nicht schon zu spät ist.

2016 traf der Vorstandsvorsitzende der BMW Group AG die Entscheidung, das Forschungs- und Entwicklungsbudget für i3 und i8 zu streichen. Nicht nur zu reduzieren, F&E wurde für Elektromobilität, wo man schon vorne dabei war, auf null gesetzt. Ja, richtig! 2015 war die Weltklimakonferenz in Paris mit all den schon früher, in diesem Buch erwähnten, diskutierten Ratifizierungen von 171 Nationen. Übrigens, BMW hat mit hohem finanziellem Aufwand, nämlich dem Mehrfachen des damals gestrichenen Entwicklungsbudgets, die Aufholjagd erfolgreich starten können.

Solange immer wieder Alternative Fuels und Verbrenner aufs Tapet kommen, bekommen die europäische Politik und die Hersteller nicht den Wind unter die Entwicklungsflügel, mit dem der Anschluss in der E-Technologie geschafft werden kann.

Die Politik hat für stabile, geordnete und zukunftsorientierte Rahmenbedingungen zu sorgen. Alles andere wäre ein fataler Fehler. Auch Europa braucht Industriepolitik und Unternehmertum im Einklang und vor allem zukunftsorientiert.

China hat frühzeitig erkannt, dass Elektromobilität die Zukunft der Automobilbranche ist und hat seine Industriepolitik entsprechend ausgerichtet. Bereits vor fünfzehn Jahren wurde Elektromobilität als eines der Topp-Ziele in deren Zukunftsplan aufgenommen. Die chinesische Regierung hat nicht nur Subventionen bereitgestellt, sondern auch eine gesamte Lieferkette für Batterien und Rohstoffe lokalisiert. Dieser Erfolg ist nicht nur durch staatliche Unterstützung, sondern auch durch den starken Unternehmergeist in China erreicht worden. Die bekannten Internetunternehmer wie William Lee (Nio), He Xiaopeng (XPeng) und Li Xiang (Li Auto) haben diese drei großen, relativ erfolgreichen chinesischen Start-ups gegründet. Sie wollten alle einen chinesischen Tesla bauen.

Trotz ihrer Erfolge in der Heimat, stoßen chinesische Automobilhersteller in Europa auf Herausforderungen, die sie oft unterschätzen. Es reicht nicht, ein gutes Produkt zu haben. Europäische Kunden legen großen Wert auf Vertrauen in die Marke und in den Service. Beratung im Verkauf und im Service schaffen dieses Vertrauen. E-Autos und E-Procurement sind noch keine europataugliche Kombination. Hier besteht noch großer Nachholbedarf bei den chinesischen Herstellern. Der Aufbau von Service-Netzwerken und Teilelagern ist kostspielig, braucht Manpower und Standorte.

Am chinesischen Markt ist für die europäischen Autohersteller der Zug beinahe abgefahren. Solange in China Verbrenner verkauft wurden, hatten die deutschen Nobel- und Massenmarken ihren Platz. Nun ist der Erfolg drastisch eingebrochen, insbesondere im Bereich der Elektroautos. Hier hat Europa auch wenig zu bieten! Nach Expertenmeinung ist die Situation der deutschen Autohersteller in China dramatisch. Der Markt im Elektroanteil bricht zur Gänze weg und das hat wirklich dramatische Folgen, weil natürlich alle großen deutschen Hersteller im Absatz und im Profit ganz maßgeblich an China hängen. Diese Abhängigkeit macht die deutschen Hersteller extrem verwundbar und zwingt sie, ihre Strategien radikal zu überdenken.

Kooperationen zwischen den europäischen und chinesischen Herstellern können eine Chance am Weg in die Zukunft bieten. Fix ist jedenfalls, dass in China das

„Verbrenner-Aus" ohne uns bekannter Lenkungsmaßnahme vollzogen wird. Wer dann mit wem, ist in der Branche bekannt. Wenn aber die Europäer kein attraktives Angebot für die chinesischen Autofahrer bieten können, wird das Überleben, das so von diesem Teil der Erde beeinflusst ist, schwer werden.

Wie blutig das Gerangel um die vorderen Plätze in den Marktanteilen in Europa und China wird, bleibt abzuwarten. Die chinesischen Hersteller haben die Chancen in Europa erkannt, reagieren auf die Wettbewerbsbeschränkungen und errichten Fertigungsanlagen innerhalb der Europäischen Union. China hat das Engagement der Europäer immer schon an Joint-Ventures mit maximal 50 % Beteiligung der europäischen oder amerikanischen Hersteller geknüpft. Wohl gemerkt, es waren immer nur reine Montage-Werke. Die Strategien wurden in Europa geschmiedet, Sales von den heimischen Konzernzentralen gesteuert. So wurde auch der technologische Rückstand aufgerissen.

Experten sind sich unisono einig, dass es in der individuellen Mobilität keine Alternative zum Elektroantrieb gibt. Das muss die europäische Autoindustrie mit all ihren Zulieferern zur Kenntnis nehmen. Nun gilt es, den vollen Fokus auf die Elektromobilität zu legen, um eine Zukunft zu haben.

China zeigt uns Europäern, wie radikal schnell die Transformation in einem riesigen Markt stattfindet. Wer in den althergebrachten Technologien und Mustern hängenbleibt, opfert die eigene Zukunft. VW, Mercedes und Co müssen dies, ähnlich wie die Japaner, gerade schmerzhaft erfahren (Abb. 11.3).

Abb. 11.3 Verkaufsfreigabe und Produktionsstart Mercedes-Benz EQC. © Daimler AG

Die seit 2020 sinkenden Anteile der Verbrennern in China können von den Herstellern aus der „alten Welt“, Europa und USA, nicht kompensiert werden. Dieser Fakt gefährdet damit die Wirtschaftlichkeit der europäischen Hersteller massiv. Die gute Nachricht gleich jetzt: diese Transformation schreitet weiter voran. 775.000 Verbrenner stehen gegen 1,1 Mio. elektrisch oder teilelektrisch angetriebene Fahrzeuge im ersten Halbjahr in China zu Buche. So ist in China für 2025 der Anteil nur noch 30 % für Verbrenner am Gesamtmarkt. Denn im Juli 2024 wurden am chinesischen Markt erstmals mehr E-Autos und Plug-In-Hybride angemeldet als Benziner und Diesel.

Mit jedem Tag wird noch deutlicher, dass die Chinesen die Elektromobilität gestalten, die Technologie- und Marktführerschaft haben. Wenn also die westlichen Hersteller am größten Automarkt der Welt (Quelle: Statista, 07/2025) weiterhin erfolgreich sein wollen, müssen sie das Angebot preislich, designtechnisch und technologisch anpassen. Diese Reihenfolge ist nach den Erwartungen der Chinesen geordnet. Also Preis, Look und Technologie sind die Schlüssel zum nächsten Erfolg.

Bei E-Antrieben und digitalen Cockpits sind fernöstliche Firmen wie BYD, SAIC, Geely oder Li Auto der Konkurrenz aus dem Westen weit voraus. Die Chinesen haben laut Fraunhofer ISI ihren addierten Marktanteil weltweit seit 2020 von 33 auf über 60 Prozent gesteigert.

Deutsche Konzerne verloren dagegen zusammengerechnet fast sechs Prozentpunkte, japanische sogar neun Prozentpunkte (Abb. 11.4).

Mit dem nun kollabierenden Benzinergeschäft im Reich der Mitte wird die Lage jedoch besonders für Massenhersteller wie Volkswagen immer brenzliger.

Abb. 11.4 BYD setzte Benchmarks in Technologie, Ausstattung und Verarbeitung. © BYD_AT, Max Pawlikowski

Europas größter Autobauer droht in diesem Jahr allein mit seinen beiden örtlichen Joint-Venture-Unternehmen SAIC und FAW rund drei Milliarden Euro weniger einzunehmen als 2018. Damals warfen die Gemeinschaftsproduktionen noch einen Betriebsgewinn von über 4,6 Mrd. € ab. Im ersten Halbjahr 2024 war es dagegen nicht einmal mehr eine Milliarde Euro – und damit noch mal 350 Mio. € weniger als von Januar bis Juni des Vorjahres.

Der Grund: In China gibt es zum einen Steuererleichterungen für Elektroautos, zum anderen wird in vielen Megacitys die Ausgabe von Nummernschildern beschränkt. Für Elektroautos sind die Wartezeiten kürzer als für Verbrenner. Seit April 2024 gibt es zudem wieder eine staatliche Kaufprämie für E-Antriebe, die bald auf 20.000 Yuan (gut 2550 €) verdoppelt werden soll.

Die Neuausrichtung der Strategien im Westen mit Fokus auf die Elektromobilität ist also weniger von den Regelungen der Europäischen Union getrieben als vom blanken Überleben unter den Zwangserfolgen am chinesischen Markt. Denn das Volumen, das die Wirtschaftlichkeit braucht, kommt zum großen Teil aus Asien (Abb. 11.5).

General Motors und viele ihrer Marktbegleiter müssen das kriselnde Chinabusiness sanieren. „E" ist das Gebot. Egal wo man hinschaut, „E", „E", „E".

Die Neugierde steigt, wie schnell das die heimische Politik erkennen wird. Allerdings ist das Beharren auf dem Verbrennungsmotor auch eine Art von europäischem Protektionismus.

Abb. 11.5 Herausforderung Markt China

Selbst der E-Auto-Pionier Tesla verzeichnete zuletzt sinkende Erlöse in China. Längst ist hier eine brutale Auslese im Gang. Japanische Marken wie Mitsubishi, Suzuki, Isuzu oder Subaru gelten mit wenigen 100 verkauften Autos zum Halbjahr bereits als de facto aus dem Land gedrängt. Auch Mazda, Nissan und Honda straucheln zunehmend.

Interessant, nur Toyota kann sich unter den Japanern noch einigermaßen behaupten. Bekannt für Verlässlichkeit, Allrad-Kompetenz im echten Offroadeinsatz, also das Besetzen von Qualität und einer Nische, machen den Erfolg für das Beharren von Toyota aus.

Die Chinesen wollen von neuen Technologien fast überwältigt werden. Ein Auto muss ein Smartcockpit haben, in das sich das Smartphone und seine vielen Apps mühelos integrieren und spiegeln lassen. Genauso wichtig sind Fahrerassistenzsysteme. Die chinesischen Produzenten prahlen regelrecht mit der Anzahl der Lidar- und Radarsensoren in ihren Autos sowie der Leistungsstärke der verbauten Prozessoren.

Mercedes und Audi geht es auch nicht besser. Sie verlieren massiv an Marktanteil und können so nicht an die Erfolge der vergangenen Jahre anschließen. Ein Megaseller der Marke Mercedes in China, die S-Klasse, wird nur noch selten bestellt (Abb. 11.6).

Noch dramatischer ist die Lage bei Porsche. Die Umsatzerlöse des Sportwagenbauers, der wie Audi zum Volkswagen-Konzern zählt, sind von Januar bis Juni 2025 im Reich der Mitte um mehr als ein Drittel von 5,4 auf 3,5 Mrd. € zerbröselt. Hintergrund ist ein Rückgang der Verkäufe von 44.000 auf 27.100 Einheiten.

Abb. 11.6 Mercedes Benz Elektrolimousine EQS. © Daimler AG

Verhältnismäßig solide wirtschaftet in China dagegen nach wie vor BMW. Der Münchener Premiumhersteller profitiert von einem breiten Fahrzeugportfolio, das alle Antriebsarten umfasst. Insbesondere im Wachstumsfeld vollelektrischer Fahrzeuge schlägt sich BMW erstaunlich gut. Während der Gesamtabsatz der Bayern in China im ersten Halbjahr um fünf Prozent auf 364.000 Neuwagen schrumpfte, legten die E-Antriebe auf 55.000 um ein Fünftel zu.

So weit so gut. Aber die chinesischen Hersteller haben gut gelernt. Liefern plausible Preise, gutes europäisches Design und hervorragende nachhaltige Qualität. Im besonders lukrativen Segment von Premium-SUVs war BMW lange die klare Nummer eins. Doch nun gibt es hier erstmals einen neuen, lokalen Champion. Li Auto, eines der führenden chinesischen Start-ups im Autogeschäft, hat zum Halbjahr 2024 nach den vorliegenden Statistiken fast 188.000 hochwertige sportliche Geländewagen verkauft und damit gut 2500 Einheiten mehr als BMW (Abb. 11.7).

Aito, eine Tochterfirma des chinesischen Technologiekonzerns Huawei, hat von Januar bis Juni ihren Absatz um satte 644 % auf 181.000 Premium-SUVs gesteigert und liegt nur noch knapp hinter BMW und Li Auto.

Schon bald wird sich zeigen, ob das gelingt: VW, BMW und Mercedes haben für 2026 ihre neuen Generationen smarter E-Autos angekündigt. Es sind Schicksalsmodelle. Es ist eine völlige Neuordnung im Gange. Technologie und neue Lösungen vor Spaltmaßen und vielen wohlgeordneten Zylindern.

Und das ist nur der Automarkt. Betrachtet man das breite Mobilitätsangebot, bietet China mit HAN-Industries schon heute markttaugliche und serienreife autonome Taxidrohnen. Und das zum Preis einer normalen Taxifahrt!

Abb. 11.7 BYD, einer der ersten chinesischen Hersteller, erfolgreich am europäischen Markt. © BYD_AT, Max Pawlikowski

11.5 Brief eines Autohändlers an einen Hersteller

„An die deutschen Autohersteller …

Wir leben in einer Zeit großer Verunsicherung in der Autobranche, in der Bevölkerung und unserer Kundschaften. Ich appelliere an Sie, die Entscheidungsträger in den Vorstandsetagen und bitte als Händler um einen Kurswechsel!

Aus meiner Sicht braucht es jetzt vier Dinge:

1) Überzeugung

Wir werden die notwendige Transformation mit dem Ziel einer umweltschonenden und klimaneutralen Mobilität nur erreichen, wenn bei den Autoherstellern und in den Autohäusern eine Überzeugung vorhanden ist, „Warum tun wir das Ganze?“. Die Antwort „Um Strafzahlungen zu vermeiden“ wird nicht ausreichen.

Meine Erfahrung mit KundInnen und Interessenten sagt mir, dass VerkäuferInnen, die selbst von der E-Mobilität überzeugt sind, einen positiven Einfluss auf die Kundschaft haben und die alternativen Antriebe erfolgreich anbieten!

2) E-Mobilität

Wir brauchen ein klares Bekenntnis, dass das batterieelektrische Fahrzeug (BEV) die individuelle Mobilität der kommenden Jahre bestimmen wird. Es ist nicht hilfreich, wenn von Automobil-Vorständen zu hören ist, man müsse „Technologie offen“ sein oder „der Kunde wird entscheiden, ob wir nicht vielleicht doch noch jahrzehntelang Verbrenner anbieten und bauen werden …“.

3) Kleine und bezahlbare Autos

Es verwirrt unsere Kundschaft, wenn die Autohersteller Ziele für CO_2-Reduktion und Klimaneutralität bekanntgeben und gleichzeitig der Öffentlichkeit stolz eine Reihe von Modellen präsentieren, die mit einer Motorleistung von 200 PS oder 300 PS aufwärts daherkommen. Wie stehen wir vor unseren Kunden da mit unserem angeblich ökologischen Kurs, wenn sowohl Motorleistung als auch Fahrzeuggewicht immer weiter zunehmen?!

Laut einer ZDF-Meldung lag 2013 das durchschnittliche Fahrzeuggewicht bei 1475 kg. Zehn Jahre später bei 1696 kg. Auch die Motorleistung der Neuwagen steigt seit 20 Jahren. „Im Durchschnitt hatte der neue SUV im letzten Jahr eine Leistung von 170 PS“, sagte Ferdinand Dudenhöffer bereits im Jahr 2018.

Wir brauchen im Autohandel kleine und bezahlbare Einstiegsmodelle. Und das nicht erst im Jahr 2027 oder 2028!

4) Mobilität ganzheitlich denken

Von einem zukunftsorientierten Autobauer erwarten unsere Kundinnen und Kunden im Jahr 2026 zu Recht, dass dieser über den Tellerrand schaut und nicht nur das Ziel verfolgt, weltweit möglichst viele Autos auf die Straße zu bringen. Das war gestern! Täglich steigt der weltweite Bestand um 80.000 Autos …

Im Jahr 2024 erwarten unsere Kunden, dass wir uns vom Autoanbieter zum Mobilitätsanbieter wandeln. Alles mit dem Ziel, die ökologischen Ziele auch im Sektor Verkehr zu erreichen. Dazu gehört es, eine Verknüpfung der Verkehrsmittel zu fördern. In einem Miteinander der verschiedenen Verkehrsmittel! Unter Einbeziehung moderner Angebote wie Ride Sharing, Carsharing und ÖPNV. In diesem Sinne brauchen wir eine Antriebswende, die in Verbindung mit der Energiewende das ganzheitliche Ziel einer Verkehrswende verfolgt.

Mit besten Grüßen

Wolf Warncke“

www.ingramcontent.com/pod-product-compliance
Lightning Source LLC
Chambersburg PA
CBHW080608300726
49022CB00037B/399
* 9 7 8 3 6 5 8 5 1 9 1 5 5 *